장승

1920年代의 天下大將軍

장승
Changsŭng,
Village Guardian God of Korea

사진 – 黃憲萬
글 – 李鐘哲 朴泰洵 俞弘濬 李泰浩

열화당

장승의 모습은 무계획적인 제작 시도에도 불구하고
시대와 지역을 뛰어넘는 공통적 특징을 분명 가지고
있다. 굳이 이를 들춘다면, 순박한 토속미, 마음을 비운
제작 태도, 멋부리지 않으려는 단순성, 사상성과
상징성의 은근한 반영, 자연주의적인 감성, 양식화의
거부, 과감한 생략, 그리고 추상적 신비의 표현 등을
들 수 있겠다.
따라서 외래문화에 쉽사리 동화되거나 흉내내지 않고
나름대로의 철학을 가지고 그 많은 격변의 상황을 포용해
왔다. 흙에 사는 사람들의 소박한 안목과 가식없는
표현이 혼과 심성을 이루어, 장승은 그들처럼 우직하고
바보스럽고 익살스럽게 생겨났는지 모른다.

Changsŭng, an enduring symbol of Korean folk faith,
is a wood or stone figure standing at the entrance of
a village or on either side of a country road. Little more
than a pole bearing human or devil's face crudely
carved on it, Changsŭng is found all over Korea.
The Changsŭng poles usually come in pairs : The male
bears an inscription in Chinese letters Ch'ŏnhadaejanggun
(The Great General of Upperworld) and the female
Chihadaejanggun(The Great General of Underworld).
Together with Sottae poles, stone piles, divine trees,
Sŏnangdang(a village altar) and standing stones, they
play a major part in a shaman festival of the village.
Changsŭng, a legacy from the time of village-centered
cultures, remains an object of folksy affection, in which
one can still sense the breath of Korean soul and
yearning for better lives.

장승·차례

장승의 現場

黃憲萬
사진가

2. 全南 務安郡 夢灘面 大峙里 총지 마을, 장승
Taech'i-ri, Mongt'an-myŏn, Muan-gun, Chŏllanam-do, *Changsŭng*

1. 全南 務安郡 夢灘面 大峙里 총지 마을
Taech'i-ri, Mongt'an-myŏn, Muan-gun, Chŏllanam-do

3. 全南 務安郡 夢灘面 大峙里 총지 마을, 장승
   Taech'i-ri, Mongt'an-myŏn, Muan-gun, Chŏllanam-do, *Changsŭng*

4. 全南 靈岩郡 郡西面 西鳩林里, 長生
   Sŏkurim-ri, Kunsŏ-myŏn, Yŏng-am-gun, Chŏllanam-do, *Changsŭng*

5. 全南 靈岩郡 郡西面 鳩林里, 國長生
   Kurim-ri, Kunsŏ-myŏn, Yŏng-am-gun, Chŏllanam-do, *Kukchangsaeng*

6. 江原道 楊口郡 楊口邑 高垈里, 고인돌
   Kodae-ri, Yanggu-ŭp, Yanggu-gun, Kang-won-do, *Dolmen*

7. 忠北 沃川郡 東二面 青馬里, 탑
Ch'ŏngma-ri, Tong-i-myŏn, Okch'ŏn-gun, Ch'ungch'ŏngbuk-do, *Tap*(stone pile)

9. 全南 潭陽郡 金城面 原栗里, 당산
   Wonyul-ri, Kŭmsŏng-myŏn, Tamyang-gun, Chŏllanam-do, *Tangsan(Menhir)*

8. 全北 淳昌郡 龜林面 月亭里, 선돌
   Wolchŏng-ri, Kurim-myŏn, Sunch'ang-gun, Chŏllabuk-do, *Menhir*

12. 全北 扶安郡 幸安面 大伐里, 짐대 당산
     Taebŏl-ri, Haeng-an-myŏn, Puan-gun, Chŏllabuk-do, *Chimdae Tangsan*

10. 全南 海南郡 黃山面 松湖里, 짐대
     Songho-ri, Hwangsan-myŏn, Haenam-gun, Chŏllanam-do, *Chimdae(Sottae)*

11. 全南 海南郡 松旨面 鳩所里, 짐대
     Ch'iso-ri, Songji-myŏn, Haenam-gun, Chŏllanam-do, *Chimdae(Sottae)*

13. 江原道 高城郡 杆城邑 新安里 乾鳳寺 入口, 짐대
    Entrance to Kŏnbongsa Temple, Sinan-ri, Kansŏng-ŭp, Kosŏng-gun, Kang-won-do, *Chimdae*

16-17. 全南 羅州郡 茶道面 岩亭里 雲興寺 入口, 上元唐將軍과 下元唐將軍
Entrance to Unhŭngsa Temple, Amjŏng-ri, Tado-myŏn, Naju-gun, Chŏllanam-do,
Sangwondangjanggun and *Hawondangjanggun*

14-15. 全南 羅州郡 茶道面 馬山里 佛會寺 入口, 下元唐將軍과 周將軍
Entrance to Bulhoesa Temple, Masan-ri, Tado-myŏn, Naju-gun, Chŏllanam-do,
Hawondangjanggun and *Chujanggun*

18-19. 全南 靈岩郡 郡西面 道岬里 道岬寺 入口, 장승
      Entrance to Togapsa Temple, Togap-ri, Kunsŏ-myŏn, Yŏng-am-gun, Chŏllanam-do, *Changsŭng*

20. 도판 19의 세부
    Detail of plate 19

22. 도판 21 周將軍의 세부
    Detail of *Chujanggun*(See plate 21)
21. 全南 靈岩郡 金井面 南松里, 周將軍(위)·唐將軍(아래)
    Namsong-ri, Kŭmjŏng-myŏn, Yŏng-am-gun, Chŏllanam-do, *Chujanggun*(above)·*Tangjanggun*(below)

23-24. 全南 寶城郡 得粮面 海坪里, 下元唐將軍과 上元周將軍
Haep'yŏng-ri, Tŭngnyang-myŏn, Posŏng-gun, Chŏllanam-do, *Hawondangjanggun*
and *Sangwonjujanggun*

25-26. 全南 務安郡 夢灘面 達山里 法泉寺 入口, 장승
Entrance to Pŏpch'ŏnsa Temple, Talsan-ri, Mongt'an-myŏn, Muan-gun, Chŏllanam-do,
Changsŭng

28. 全南 新安郡 智島邑 堂村里, 장승
    Tangch'on-ri, Chido-ŭp, Shinan-gun, Chŏllanam-do *Changsŭng*
29. 도판 28의 세부
    Detail of plate 28

27. 全南 新安郡 智島邑 堂村里, 장승
    Tangch'on-ri, Chido-ŭp, Shinan-gun, Chŏllanam-do, *Changsŭng*

31. 全南 務安郡 海際面 廣山里, 미륵당산(할머니 당산)
   Kwangsan-ri, Haeje-myŏn, Muan-gun, *Mirŭk Tangsan*
30. 도판 31의 세부
   Detail of plate 31

32-33. 全南 谷城郡 梧山面 栗川里, 장승
Yulch'ŏn-ri, Osan-myŏn, Koksŏng-gun, Chŏllanam-do, *Changsŭng*

34. 全南 谷城郡 梧山面 柯谷里, 장승
    Kagok-ri, Osan-myŏn, Koksŏng-gun, Chŏllanam-do, *Changsŭng*
35. 全南 長興郡 冠山邑 仿村里, 벅수(鎭西大將軍)
    Pangch'on-ri Kwansan-ŭp, Changhŭng-gun, Chŏllanam-do, *Pŏksu*

36-37. 全南 珍島郡 郡内面 德柄里, 大將軍(左)과 鎮桑燈(右).
해마다 장승제인 거랫제를 지내며, 장승의 목에 소의 턱뼈를 걸어놓는 풍습이 있다.
Tŏkbyŏng-ri, Kunnae-myŏn, Chindo-gun, Chŏllanam-do, *Taejanggun* and *Chinsangdŭng*.
In this village, unlike others, they hang up a jaw-bone of cattle on the neck of Changsŭng
(Plate 37 is a scene of Changsŭng Ceremony)

39-40. 全南 昇州郡 昇州邑 竹鶴里 仙岩寺 入口, 벅수

      Entrance to Sŏnamsa Temple, Chukhak-ri, Sŭngju-ŭp, Sŭngju-gun, Chŏllanam-do, *Pŏksu*

38. 全南 寶城郡 文德面 龍岩里, 벅수

    Yongam-ri, Mundŏk-myŏn, Posŏng-gun, Chŏllanam-do, *Pŏksu*

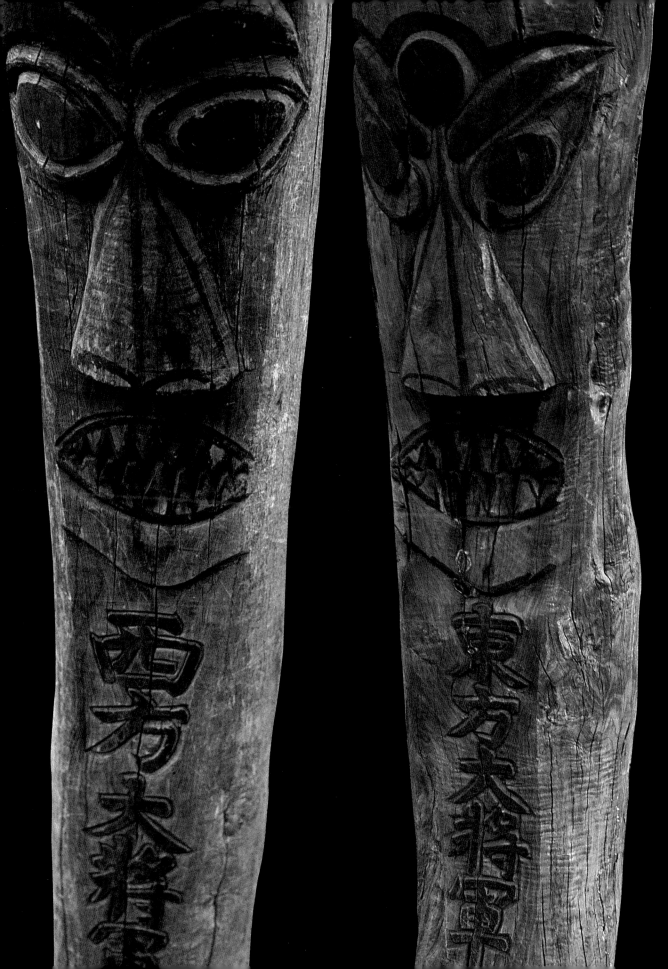

44-45. 全南 和順郡 春陽面 可東里, 벅수
　　　 Kadong-ri, Ch'unyang-myŏn, Hwasun-gun, Chŏllanam-do, *Pŏksu*

41. 全南 康津郡 七良面 興鶴里, 벅수
　　 Hŭnghak-ri, Ch'illyang-myŏn, Kangjin-gun, Chŏllanam-do, *Pŏksu*

42-43. 全南 和順郡 同福面 佳水里, 西方大將軍(左)·東方大將軍(右)
　　　 Kasu-ri, Tongbok-myŏn, Hwasun-gun, Chŏllanam-do, *Sŏbangdaejanggun*(*left*)·
　　　 Tongbangdaejanggun(*right*)

47-48. 全南 昇州郡 松光面 梨邑里, 벅수
　　　Iŭp-ri, Songgwang-myŏn, Sŭngju-gun, Chŏllanam-do, *Pŏksu*
46. 全南 昇州郡 松光面 大興里, 벅수
　　　Taehŭng-ri, Songgwang-myŏn, Sŭngju-gun, Chŏllanam-do, *Pŏksu*

49. 全南 長城郡 黃龍面 臥牛里, 장승
    Wau-ri, Hwangnyong-myŏn, Changsŏng-gun, Chŏllanam-do, *Changsŭng*
50. 全南 長城郡 黃龍面 臥牛里, 장승
    Wau-ri, Hwangnyong-myŏn, Chansŏng-gun, Chŏllanam-do, *Changsŭng*

52-53. 全北 南原郡 山內面 立石里 實相寺 入口, 上元周將軍과 大將軍
Entrance to the Shilsangsa Temple, Ipsŏk-ri, Sannae-myŏn, Namwon-gun, Chŏllabuk-do,
Sangwonjujanggun and *Taejanggun*

51. 全北 南原郡 山內面 立石里 實相寺 入口 全景
Entrance to Shilsangsa Temple, Ipsŏk-ri, Sannae-myŏn, Namwon-gun, Chŏllabuk-do (The whole view)

55. 全北 扶安郡 扶安邑 内蓼里, 돌모산 당산
    Naeryo-ri, Puan-ŭp, Puan-gun, Chŏllabuk-do, *Tolmosan Tangsan*
54. 全北 井邑郡 山外面 沐浴里, 짐대
    Mokyong-ri, Sanoe-myŏn, Chŏng-ŭp-gun, Chŏllabuk-do, *Chimdae(Sottae)*

56. 全北 扶安郡 扶安邑 東中里, 下元唐將軍
Tongjung-ri, Puan-ŭp, Puan-gun, Chŏllabuk-do, *Hawondangjanggun*

57. 全北 扶安郡 扶安邑 東中里, 上元周將軍
Tongjung-ri, Puan-ŭp, Puan-gun, Chŏllabuk-do, *Sangwonjujanggun*

58. 全北 南原郡 雲峰面 權布里, 장승
　　Kwŏnp'o-ri, Unbong-myŏn, Namwon-gun, Chŏllabuk-do, *Changsŭng*
59. 도판 58의 세부.
　　Detail of plate 58

60-61. 全北 南原郡 雲峰面 北川里, 東方逐鬼將軍과
西方逐鬼將軍
Pukch'ŏn-ri, Unbong-myŏn Namwon-gun,
Chŏlabuk-do, *Tongbangch'ukguijanggun* and
Sŏbangch'ukguijanggun

62. 全北 南原郡 東面 酉谷里 덕실 마을, 벅수
    Yugok-ri Tong-myŏn, Namwon-gun, Chŏllabuk-do, *Pŏksu*

63. 全北 南原郡 雲峰面 西川里, 벅수
    Sŏch'ŏn-ri, Unbong-myŏn, Namwon-gun, Chŏllabuk-do, *Pŏksu*

64-65. 全北 南原郡 阿英面 蟻池里 개암주 마을, 벅수
Ŭiji-ri, Ayŏng-myŏn, Namwon-gun, Chŏllabuk-do, *Pŏksu*

66. 全北 井邑郡 七寶面 白岩里, 당산 장승
    Paekam-ri, Ch'ilbong-myŏn, Chŏ-ŭp-gun, Chŏllabuk-do, *Tangsan Changsŭng*
67. 全北 南原郡 朱川邑 虎基里, 장승
    Hogi-ri, Chuch'ŏn-myŏn, Namwon-gun, Chŏllabuk-do, *Changsŭng*

68. 慶南 咸陽郡 栢田面 雲山里, 벅수
   Unsan-ri, Paekchŏn-myŏn, Hamyang-gun, Kyŏngsangnam-do, *Pŏksu*

69. 慶南 統營郡 山陽面 三德里, 벅수
   Samdŏk-ri, Sanyang-myŏn, T'ong-yŏng-gun, Kyŏngsangnam-do, *Pŏksu*

70-71. 慶南 泗川郡 杻洞面 駕山里, 벅수(도판 72에서 아래 장승의 세부)
　　　 Kasan-ri, Ch'ukdong-myŏn, Sach'ŏn-gun, Kyŏngsangnam-do, *Pŏksu*(See plate 72)
72. 慶南 泗川郡 杻洞面 駕山里, 벅수
　　　 Kasan-ri, Ch'ukdong-myŏn, Sach'ŏn-gun, Kyŏngsangnam-do, *Pŏksu*

73. 慶南 昌寧郡 昌寧邑 玉泉里 觀龍寺 入口, 돌장승
Entrance to Kwannyongsa Temple, Okch'ŏn-ri, Ch'angnyŏng-ŭp, Ch'angnyŏng-gun, Kyŏngsangnam-do, *Changsŭng*

74. 慶南 陜川郡, 佳會面 大枝里, 下元周將郡
Taegi-ri, Kahoe-myŏn Hapchŏn-gun, Kyŏngsangnam-do, *Hawonjujanggun*

75. 慶北 醴泉郡 龍門面 內地洞 龍門寺 入口, 上元周將軍
    Entrance to Yongmunsa Temple, Naeji-dong, Yongmun-myŏn, Yech'ŏn-gun, Kyŏngsangbuk-do,
    Sangwonjujanggun

76. 慶南 河東郡 花開面 雲樹里, 伽藍善神
    Unsu-ri, Hwagae-myŏn, Hadong-gun, Kyŏngsangnam-do, *Karamsŏnshin*

77. 慶南 南海郡 彌助面 草田里, 벅수
    Ch'ojŏn-ri, Mijo-myŏn, Namhae-gun, Kyŏngsangnam-do, *Pŏksu*

78. 慶南 咸陽郡 馬川面 楸城里 碧松寺 入口, 護法大神
    Entrance to Pyŏksongsa, Ch'usŏng-ri, Mach'ŏn-myŏn, Hamyang-gun, Kyŏngsangnam-do, *Hopŏpdaeshin*

80. 忠北 淸原郡 文義面 文德里, 장승
    Mundŏk-ri, Munŭi-myŏn, Ch'ŏng-won-gun, Ch'ungch'ŏngbuk-do, *Changsŭng*

81. 도판 80의 세부
    Detail of plate 80

79. 忠北 淸原郡 文義面 文德里, 장승과 서낭돌무더기
    Mundŏk-ri, Munŭi-myŏn, Ch'ŏng-won-gun, Ch'ungch'ŏngbuk-do, *Changsŭng* and *Sŏnangdolmudŏgi*

82. 忠北 清原郡 文義面 文德里 앞실 마을, 天下大將軍
Mundŏk-ri, Munŭi-myŏn, Ch'ŏng-won-gun, Ch'ungch'ŏngbuk-do,
Ch'ŏnhadaejanggun

83. 忠北 清原郡 文義面 文德里 앞실 마을, 地下大將軍
Mundŏk-ri, Munŭi-myŏn, Ch'ŏng-won-gun, Ch'ungch'ŏngbuk-do,
Chihadaejanggun

84. 忠北 淸州市 龍亭洞, 미륵
　　Yongjŏng-dong, Ch'ŏngju-shi, Ch'ungch'ŭngbuk-do, *Mirŭk*

85. 忠北 沃川郡 安南面 池水里, 탑
　　Chisu-ri, Annam-myŏn, Okch'ŏn-gun, Ch'ungch'ŏngbuk-do, *Tap*(stone pile)

86. 忠南 靑陽郡 大峙面
大峙里 한티고개, 장승
Taech'i-ri, Taech'i-myŏn,
Ch'ŏng-yang-gun,
Ch'ungch'ŏngnam-do,
Changsŭng

87-90. 忠南 公州郡 灘川面 松鶴里의 장승제. 매년 음력 정월 열나흘 밤에 장승을 세우고 장승제를 지낸다.
Songhak-ri, T'anch'ŏn-myŏn, Kongju-Kun, Ch'ungch'ŏngnam-do, *Changsŭng Ceremony*

92. 忠南 青陽郡 定山面 松鶴里의 장승제. 매년 음력 정월 대보름밤에 장승제를 지낸다.
   Songhak-ri, Chŏngsan-myŏn, Ch'ŏng-Yang-gun, Ch'ungch'ŏngnam-do, *Changsŭng Ceremony*

91. 忠南 青陽郡 定山面 松鶴里, 장승 (도판 92의 오른쪽 장승)
   Songhak-ri, Chŏngsan-myŏn, Ch'ŏng-yang-gun, Ch'ungch'ŏngnam-do, *Changsŭng* of plate 92

93. 忠南 牙山郡 松岳面 鍾谷里, 당산나무와 장승
   Chonggok-ri, Song-ak-myŏn, Asan-gun, Ch'ungch'ŏngnam-do, *Tangsan Tree* and *Changsŭng*

94. 忠南 公州郡 維鳩面 文錦里, 서낭당
   Mungŭm-ri, Yugu-myŏn, Kongju-gun, Ch'ungch'ŏngnam-do, *Sŏnangdang*

95-96. 京畿道 廣州郡 中部面 下樊川里, 天下大將軍과 地下大將軍
Habŏnch'ŏl-ri, Chungbu-myŏn, Kwangju-gun, Kyŏnggi-do, *Ch'ŏnhadaejanggun* and *Chihadaejanggun*

97. 京畿道 廣州郡 中部面 奄尾里, 地下女將軍
　　Ŏmmi-ri, Chungbu-myŏn, Kwangju-gun, Kyŏnggi-do, *Chihayŏjanggun*
98. 京畿道 廣州郡 中部面 奄尾里, 天下大將軍
　　Ŏmmi-ri, Chungbu-myŏn, Kwangju-gun, Kyŏnggi-do, *Ch'ŏnhadaejanggun*

99. 京畿道 廣州郡 中部面 奄尾里, 장승
　　Ŏmmi-ri, Chungbu-myŏn, Kwangju-gun, Kyŏnggi-do, *Changsŭng*

100. 京畿道 廣州郡 草月面 西霞里, 짐대와 장승
　　　Sŏha-ri, Ch'owol-myŏn, Kwangju-gun, Kyŏnggi-do, *Chimdae* and *Changsŭng*
101. 京畿道 廣州郡 草月面 西霞里, 짐대와 장승
　　　Sŏha-ri, Ch'owol-myŏn, Kwangju-gun, Kyŏnggi-do, *Chimdae* and *Changsŭng*

103. 京畿道 驪州郡 大神面 松村里, 장승
     Songch'on-ri, Taesin-myŏn, Yŏju-gun, Kyŏnggi-do, *Changsŭng*
102. 京畿道 驪州郡 大神面 松村里, 장승
     Songch'on-ri, Taesin-myŏn, Yŏju-gun, Kyŏnggi-do, *Changsŭng*

104. 京畿道 廣州郡 退村面 牛山里, 장승
Usan-ri, T'oech'on-myŏn, Kwangju-gun, Kyŏnggi-do, *Changsŭng*

105. 京畿道 廣州郡 草月面 武甲里, 장승
Mugap-ri, Ch'owol-myŏn, Kwangju-gun, Kyŏnggi-do, *Changsŭng*

107. 濟州市 三姓穴 入口, 돌하루방
     Entrance to Samsŏnghyŏl, Cheju-shi, *Tolharubang*
106. 濟州島 南濟州郡 表善面 城邑里, 돌하루방
     Sŏng-ŭp-ri, P'yosŏn-myŏn, Namjeju-gun, Cheju-do, *Tolharubang*

108. 濟州島 南濟州郡 大靜邑 保城里, 돌하루방
Posŏng-ri, Taejŏng-up, Namjeju-gun, Cheju-do, *Tolharubang*
109. 濟州島 南濟州郡 大靜邑 保城里, 돌하루방
Posŏng-ri, Taejŏng-ŭp, Namjeju-gun, Cheju-do, *Tolharubang*

What is Changsŭng?
Summary

장승 기행
벅수의 해학과 갈등
李鐘哲

공동체의 상상력
장승의 재발견
朴泰洵

生命의 힘, 破格의 美
美術史의 시각에서 본 장승
俞弘濬·李泰浩

What is Changsŭng?
Summary

Rhie, Jong-chul

Curator, National Folk Museum of Korea

Changsŭng, an enduring symbol of Korean folk faith, is a wood or stone figure standing at the entrance of a village or on either side of a country road. Little more than a pole bearing human or devil's face crudely carved on it, Changsŭng is found all over Korea. The Changsŭng poles usually come in pairs: The male bears an inscription in Chinese letters Ch'ŏnhadaejanggun(The Great General of Upperworld) and the female Chihadaejanggun(The Great General of Underworld). Together with Sottae poles, stone piles, divine trees, Sŏnangdang(a village altar) and standing stones, they play a major part in a shaman festival of the village. Changsŭng, a legacy from the time of village-centered cultures, remains an object of folksy affection, in which one can still sense the breath of Korean soul and yearning for better lives.

Origin of Changsŭng

History books from the period of Shilla and Koryŏ mention Changsaeng, Changsaengp'yoju, Mokbangchangsaengp'yo and Hwang(Kuk)changsaengsŏkp'yo. By the time of late Koryŏ and Chosŏn appear the names Sŭng, Changsŭng, Changsŭng-u, Hu, Changsŏng...and Changshin. Changsŭng is mentioned in many other books including Sŏng Hyŏn's *Yongjaech'onghwa* and Kim Su-jang's *Haedongkayo*.

Samples of the names still in use in different provinces are: Changsŭng,... and Tangsan Harabŏji in Chŏlla-do and along the south coast of Kyŏngsang-do; Changsŭng, Changshin,... and Susalmok in Ch'ungch'ŏng-do; Changsŭng in Kyŏnggi-do, Tyangsŭng and Tolmirŭk in Hamgyŏng-do and P'yŏng-an-do;Tolharubang,... and Kŏ-aek in Cheju-do. The commonest three of all these names, in the order of popularity, are Changsŭng, Changsŏng and Changshin. These are followed at some distance by the names Pŏksu and Pŏkshi.

Examples of speculated origins of Changsŭng are: a phallus worship, landmarks for the boundary of a temple, and an object of folk faith such as the Sottae pole, standing stone or Sŏnangdang. Some believe that Changsŭng is derived from a Tungusic culture while others seek its origin in Polynesian or South Asian cultures based on rice cultivation. In any case, Changsŭng undoubtedly shares its roots with the folk faith and superstitions in Korea.

The oldest Changsŭng, dating back to 759 A.D. and named Changsaengp'yoju, is standing in Porimsa Temple in Pongdŏk-ri of Changhŭng-gun, Chŏllanam-do. The second oldest one, erected in 1085 A.D., is Kukchangsaeng-sŏkp'yo of T'ongdosa Temple in Yangsan-gun, Kyŏngsangnam-do. Kukchangsaeng and Hwangchangsaeng at the entrance of Togapsa Temple probably date back to the period of late Koryŏ and early Chosŏn. Sŏ-oe-ri in Puan-gun and Ipsŏk-ri in Namwon-gun, both located in Chŏllabuk-do, boast two Changsŭngs dating back to 1689 and 1725, respectively.

Varieties of Changsŭng

Nearly all Changsŭng are made of wood or stone. The category of stone Changsŭng comprises not only the human figures but also Sottae poles on a pile of stone and Sŏnangdang. Mounds of earth and stone as well as piles and pagodas of stone are also included. Wood Changsŭng have to be replaced every few years as they last no longer than ten years. Exceptional cases on the record are: a solitary Changsŭng, a group of five facing all different directions and about a dozen Changsŭng marking the boundary of a private land.

A village Changsŭng stands normally at the entrance of a village or in a designated area for village festivals. A temple Changsŭng stands either at the entrance of a Buddhist temple or along its boundary. A public Changsŭng stands on either side of a public road or that of the front gate of a Sŏng(castle) or of a military camp.

According to the inscriptions on its belly, a Changsŭng is described as Shamanist, Taoist, Buddhist, Direction-Bearing or Pibo(geomancer).

A wood Changsŭng is in the image either of a human figure or of a Sottae pole, on top of which sits a wooden bird. The most favored material is the wood of pine or chestnut tree. In addition to the usual stone Changsŭng in the image of men or deities, there can be compounded Changsŭng such as mounds of stone and tortoises made of stone. A male Changsŭng is usually painted red and wears a crown. It also features glaring eyes, huge canine teeth and fearsome beard. Occasionally a male Changsŭng appears good-natured and benevolent like a grandfather. A female Changsŭng is usually painted blue and wears no crown. Its face is invariably decorated with three red spots.

A Changsŭng may assume the shape of an ordinary man or a demon as characterized by the bulging eyes, pointed teeth and a flat nose. It may take instead the shape of a Buddha, a scholar, a soldier, a monument, a phallus, a stone mound or even a Sŏnangdang.

Changsŭng's Service

A village Changsŭng is supposed to protect the villagers from plagues and disasters, dispel the evil and invite the happiness in. A temple Changsŭng is believed to serve the Buddhists by guarding their temple against evil spirits and demons in addition to marking its boundary. A Public Changsŭng ensures safe travels and serves as milestones. A Phallic Changsŭng is supposed to make sterile women pregnant and ensures her health in general. Powders of stone scraped off the nose of a Changsŭng, mixed with some herbs, is a traditional medicine for the cure of infertility. People pray in front of a Phallic Changsŭng for a good harvest, a fine haul of fish or for better health. No Korean would dare mistreat this object of worship.

Changsŭng in Korean Folklore

Many of Korean proverbs refer to Changsŭng. One may be "as tall as a Changsŭng," and asked not to just "stand like a Changsŭng." An unreasonable demand is compared against "asking for a payment for powdering the face of a Changsŭng." Changsŭng is the answer to Korean riddles such as "What is the thing with a big mouth, which cannot speak?" and "What is the thing, which keeps its eyes open day and night?"

Changsŭng is often linked to the incest taboo in Korean folk tales. As one story goes, a young man was traveling along a mountain path with his sister when they were drenched by a shower and the sight of the soaked female body aroused him. Shocked by the shameless desire in him, the brother commited suicide and his body turned into Changsŭng. In another story, a prime minister(Sŭngsang) named Chang in the service of the king was caught for incest with his daughter. Making an example of the minister, the king erected a wooden pole bearing his name Chang Sŭngsang such that anyone may spit or throw a stone at it. One *Pansori* story describes the sudden death of a man for his recklessness in chopping down a Changsŭng and burning it for fire.

Place names derving from Changsŭng as listed in *Koryŏsa*(History of Koryŏ) alone includes Sŭngsan, Sŭngch'ŏn, Sŭng-i, Sŏkjŏk, Sŏkjŏkwon, Ipsŏkwon, Changsŏng-kol, Tang-gŏri and Pŏksu-gŏri. *Kyŏnggukdaejŏn*(National Code) of the early Chosŏn instructs that one big Changsŭng be erected every 50 *ri*(20 km) and smaller Changsŭng every 30*ri*(12km).

Changsŭng as Cultural Property

Of more than 200 Changsŭng registered in Korea before 1970, many are presumed to have perished by natural cause alone. Most famed among the surviving Changsŭng is Kukchangsaeng-sŏkp'yo in T'ongdosa Temple, which is designated as Treasure No. 74. It is closely followed by eight others honored by serial numbers for Important Cultural Materials. Of these, Kyŏngsangnam-do has Pŏksu(No. 7) in Munhwa-dong, Ch'ungmu. Chŏllanam-do has two famous Stone Changsŭng in Naju: No. 11 in Pulhoesa Temple and No. 12 in Unhŭngsa Temple. Chŏllabuk-do has Stone Changsŭng(No. 15) in Shilsangsa of Namwon, Tangsan(Nos. 18 and 19) inside of west and East Gates of Puan, and two Changsŭngs(Nos. 101 and 102) in Namge-ri and Ch'ungshin-ri, Sunch'ang.

Changsŭng Ceremonies

Changsŭng Ceremony is usually held as part of an annual or biannual village service offering prayers for protection from evil spirits in January or October by lunar calendar. It is rarely offered to the unfortunate Temple Changsŭng. A traveler may spit at a roadside Changsŭng or throw stones at the earth mound it is standing on. One is also encouraged to tie on it pieces of colored cloth or ropes of twisted straw.

Villagers of Chung-dong in Tangjin conduct a Changsŭng ceremony in lunar January. At the end of it, they hang packages of offered food on Changsŭng, bury chestnuts under it, and play *Nongak*, the folk music for farmers. Changsŭng are erected for this occasion at the entrance and in all of the four corners of the village. Once the festival is over, they are left to decay in time.

Villages known to regularly hold Changsŭng ceremonies are:Ŏmmi-ri, Chungbu-myŏn of Kwangju-gun in Kyŏnggi-do; Ŭnsan-myŏn of Puyŏ-gun in Ch'ungch'ŏngnam-do; Ch'ŏngma-ri, Tong-i-myŏn of Okch'ŏn-gun in Ch'ungch'ŏngbuk-do; Songho-ri, Hwangsan-myŏn of Haenam-gun and Tŏkpyŏng-ri, Kunnae-myŏn of Chindo-gun in Chŏllanam-do; Kyodong-ri, Chang-yŏn-myŏn, Koesan-gun, Ch'ungch'ŏngbuk-do Choyang-ri, Tongsan-myŏn of Ch'unsŏng-gun in Kangwon-do; Tochung-ri, Sandong-myŏn of Sŏnsan-gun in Kyŏngsangbuk-do; and Mangch'i-ri, Ilun-myŏn of Kŏje-gun in Kyŏngsangnam-do.

Usually held at the time of full-moons of January and October by lunar calendar, these Changsŭng ceremonies seem to have traditionally provided the villagers with a sense of security against their common enemies such as plagues or evil spirits. People were assured of good health and good harvests. It seems also important that the community's joint preparation for the ritual helped keep up the communal spirit. A Changsŭng ceremony is almost invariably followed by a village festival, and it seems important that the farmers have a good time at the end of months of toil in the field. The occasion also plays a role in ensuring continuity in both moral and artistic traditions.

장승 기행
벅수의 해학과 갈등

李鐘哲 국립민속박물관장·민속학

장승은 마을입구나 길거리를 수문장처럼
지키며 살아왔다. 무서운 병을 옮겨다 주는
손님마마가 어린이에게 접근하지 못하게 하고,
또 괴질이 마을에 들어오지 못하도록 한다.
마을을 찾는 길손에게 친절히 길을 안내해
주거나 남은 里程을 알려 주어 심신의
피로를 잊게 하고 여정을 확인하게 한다.
또 마을과 마을 사이의 경계표가 되어,
오래 못 만난 사돈들끼리 음식과 덕담,
소식을 교환하는 '중도보기'의 장을 마련해
주고, 마을길을 고치는 마을 공동작업인
울력의 경계표적 기준점이 되기도 했다.

1. 장승의 독백──自傳的 歷史

눈비가 내리거나 바람부는 날에도 나는 길가, 동
구밖, 서낭당, 사찰문전에 서서 큰 눈을 부라리며
길목을 지키는 소박한 임무를 다하며 살아왔다. 이
름도 성도 확실히 모르는 충직한 나를 사람들은 바
보라 부르며 "벅수같이 멍청하게 서 있다"고 나를
빗대 멍청하게 서 있는 사람에게 핀잔을 준다. 마을
로 들어오는 재앙과 액을 막아 주고 풍년을 빌어 주
며, 마을 사이의 거리를 알려 주어 생활의 감로수
같은 역할을 하는 나에게 인간들은 고맙다는 얘기
대신 나를 이렇듯이 깔보고 있다. 그러나 나는 개의
치 않고 언제까지라도 이렇게 조용히 그들을 지키
고 돌보아 줄 것이다. 양반이나 관리들을 정성껏 섬
기고도 오히려 그들로부터 짓밟히던 힘없는 농부처
럼, 나 역시 끝없는 봉사를 하고서도 대접 못 받는
슬픈 목신(木神)의 후예이기를 서러워 않는다는 말
이다.

조상 대대로 익혀 왔던 이 힘든 봉사와 고난뿐인
구도자의 길을 나는 묵묵히 갈 것이다. 길목의 하찮
은 신상(神像)에 불과하지만, 나는 인간의 염원을
하늘에 연결시켜 주는 사제자(司祭者)로서 고귀한
소명을 언제나 잊을 수 없기에 고집스럽게 민중과
더불어 살아온 것이다.

1. 잊혀진 나의 이름

장승인 나는 조상의 성도 이름도 잘 모르지만, 언
행이 일치하는 성실한 봉사자이다. 잘난 체하며 거
짓말을 밥먹듯이 하는 요즈음의 지도층도 아니고,
조상의 뼈를 팔아먹는 지체높은 집안의 후예도 아
닌, 들풀처럼 미약한 존재이기 때문에 족보나 가승
(家乘)도 없다. 바람부는 대로 물결치는 대로 정처
없이 떠다녀서 조상의 이름은 물론이고 나 자신의
이름조차도 잘 모르고 있다.

서울 부근의 사람들은 나를 '장승'이라 부른다. 이
는 오래 살아 없어지지 않는다는 장생불사(長生不

1920年代의 天下大將軍과 地下女將軍

死)의 도교(道敎)에서 빌어 온 이름이라 한다. 그런데 전라남북도나 경상남북도에서는 '벅수'라고 부르고, 어떤 사람들은 '할아버지·할머니·당산'이라 부르며, 또 어느곳에서는 '하루방·천하대장군·수살·돌미륵·신장' 등으로 제멋대로 부르니, 진짜 내 이름이 무엇인지 나 자신도 알 수가 없다.

특별히 격식을 갖추고 작명(作名)하여 본 적이 없고, 어떤 이름을 불러 대접하여 달라고 주문한다는 것도 이젠 쑥쓰러운 일이다. 그저 마을 어른들이 부르는 것이 바로 내 이름일 뿐이다. 나야말로 우리 백성들의 대변자로서, 나를 만들어 준 이들을 결코 짓밟거나 호령해 본 적이 없는 우직한 심부름꾼인 셈이다.

2. 나의 조상

재롱동이들에게 몇 살이냐고 물어보면 아이들은 손가락을 펴보이며 귀엽게 대답한다. 그러나 이름도 모르는 나는 내 나이가 과연 몇 살인지, 조상이 누구인지도 잘 모른다.

나를 만들어 준 순박한 목수나 석공의 이름이 '도끼'나 '개똥이'였고, 나에게 아들을 빌었던 아낙의 이름이 '쉰네·사월이·딸고만이'였듯이, 분명 내 이름도 그런 하찮은 것이거나 친근감있는 것이었을 것이다. 또 그들이 정확한 자신의 나이를 알지 못했듯이 나 역시 나의 과거를 모른다.

내 조상의 나이를 가장 많이 보는 사람은 무려 사천 살 이상이라고 한다. 그들은 선사시대 때 흙이나 조개껍질 혹은 뼈에 그려진 신상(神像)을 나의 직계선조로 보고 있다. 그런가 하면 이보다는 좀 나이가 적지만, 고인돌 무리 가운데 우뚝 세워진 선돌이나 들판의 경계표석, 마을 입구의 살맥이돌이 나의 선조라 일러 주는 사람도 있다. 또 어떤 이는 긴 장대 위에 새를 머리에 얹고 있는 청동기시대의 짐대[솟대]가 나의 조상이라 하고, 어느 이는 나무를 조각하여 모신 삼국시대의 목제 신상들이 나의 '배판'이라 이야기하기도 한다. 우직한 나로서는 도무

125

1920年代의 下元周將軍〔咸南 安邊郡 釋王寺 입구〕

지 조상의 가닥을 종잡을 수 없다.

천백년 전에 세워진 전라남도 장흥(長興) 보림사 (寶林寺) 비문(碑文, 759~884년)에서는 나의 본래 이름일지도 모를 '장생표주(長生標柱)'라는 글자가 보인다. 경상남도 양산 통도사 입구의 국장생(國長 生)은 천년 전 유적으로, 이들은 형태에 있어 나의 사촌이라 할 선돌과 너무나 닮은 데가 많다.

그러나 표석(標石)으로서의 국장생·황장생(皇長 生)과 이정표(堠), 경계표목(境界標木)으로서의 입 석(立石)·입목장생(立木長生)이 언제 어떻게 사람 얼굴과 같은 모습으로 변하게 되었는지는 아직도 수수께끼이다. '장생표석(長生標石)'이라는 글자는 신라 고려 조선시대의 사찰인 보림사·운문사(雲門 寺)·통도사·도갑사(道岬寺) 등의 사찰 주변 푯말 에만 한정되어 있어, 후대에 조각한 신상(神像)인 장승〔長性〕과 장생(長生)의 연결에 의문을 표시하 는 학자도 있다. 이들은 사찰 푯말의 장생〔長生〕과 마을신〔洞祭神〕인 장승〔長性〕의 본디말에 의문을 가져야 한다고 주장한다.

나와 모습이 비슷한 선조는 전라북도 부안군 읍 내리 서문 안에 있다. 돌로 만든 '당산장승'으로, 1689 년에 세웠다고 등 뒤에 씌어 있으니 삼백 살이 되는 것은 확실하다. 그러나 사실 이보다 앞서 나와 모습 이 닮은 석조신상(石彫神像)으로는 백제 미륵사지 석탑(彌勒寺址 石塔)의 석인상(石人像), 신라 괘릉 (掛陵)의 무인상(武人像), 고려 만복사지(萬福寺址) 의 신장상(神將像) 등도 있어서 내겐 여러 갈래의 방계 조상이 있었던 것이 아닌가 생각되기도 한다.

나의 어떤 형제들은 이름없는 민초(民草)들에 의 하여 해마다 장승제나 산신제 때 세워지기도 하고, 풍우세월 속에 썩어 없어지기도 한다. 여유가 있는 마을의 사람들은 성미(誠米)를 모아 돌로 나를 만 드나, 작은 마을에서는 소나무나 밤나무·오리나무 를 둥치째 잘라 정성 들여 신명 속에 만들기도 한다. 밤나무는 살아 백년 죽어 백년이라 하여 자주 이용 하는데, 어느 촌로는 나를 뿌리째 거꾸로 세워 놓고 나의 머리에 그들의 소원과 신앙을 이게 하고 있다.

장생(長生)하면서 그들을 돕고 싶은 것이 나의 바램이지만, 나무로 태어나 비바람에 시달리게 되면 십여 년이라는 수명의 한계를 뛰어넘지는 못한다. 그러나 그 유한한 일생의 경우에도 그들이 원하는 한 나는 어김없이 부활하여 그네들과 함께 영원한 삶을 누리며 살아갈 것이다.

3. 탯자리에 관한 의문

나의 본래의 고향은 과연 어디였을까. 나의 고향 에 대해서는 짐대의 새, 서낭돌무더기 그리고 나의 얼굴 등으로 미루어 보아 북방 퉁구스족 문화와 매 우 긴밀한 연관을 갖는다고 얘기한다.

몽고 초원의 골디, 오로치족(Goldi, Orochees)은 오보와 히모리(鄂博, Ximori)라 하여 우리의 서낭당처럼 새를 올려 놓은 신간(神竿)과 나무인형 신상을 모시고 있고, 돌무더기에 비단을 두르는 습속을 갖고 있다. 퉁구스족인 이벵크족 주술사는 수호와 방액(防厄)의 신상을 텐트 안에 모셔 놓고 있는데, 바로 이 점이 나의 혈맥을 얘기해 주는 하나의 근거가 된다.

유라시아 유목민의 여성상인 카멘나야 바바〔石婦像〕나, 카사부스탄의 왼손에는 칼, 오른손에는 음식 그릇을 들고 방형 돌담 동쪽에 서 있는 석상, 몽고의 투바〔男性像〕, 예니세이 강변의 나무인형상 등은 모두 나와 같이 북방문화에 뿌리를 두고 있다고 한다. 그런데 이와 달리 어느 학자들은 한국 남부에 분포되어 있는 수만의 남방식 지석묘와 선돌, 초분(草墳)의 이차장(二次葬) 유습, 벼농사문화, 풍년을 비는 용신기(龍神旗), 줄다리기 풍습 등이 남방문화적 요소라 지적한다. 이들은 벅수·짐대·선돌에 감아 둔 왼새끼 금줄과 줄다리기 줄 등이 벼농사와 관련된 남방풍속이라는 점, 그리고 나의 모습이 인도네시아 등지의 동남아 석상과 닮았다 하여 남방 벼농사 또는 환태평양문화가 나의 원류라고 주장하기도 한다.

그런가 하면 민족학자들은 한국이 고인돌·선돌문화의 중심지라 하면서, 이와 관련시켜 나를 이주 정착한 외래인 계통이 아닌 토종이라고 보기도 한다. 즉 고대인들의 신앙숭배 대상이었던 큰 나무와 바위가 입목(立木)과 입석(立石) 신앙으로 전위되었고, 이는 다시 솟대와 목제·석제 장승의 유형화한 신상으로 문화 변용을 겪었다고 주장하는 것이다. 또 그들은 한국의 시골 전역에 분포된 당산나무·선돌·돌무더기·서낭당·짐대·벅수 등으로 미루어, 내가 한국 자생(自生)의 토종문화라 설명한다.

나의 고향이 시베리아·유라시아·중앙아시아·몽고 등의 북방문화 지역인지, 남태평양·인도네시아·오끼나와 등지의 남방문화 지역인지 혹은 한국 자생의 토종문화 지역인지는 아직 뚜렷이 밝혀지지 않고 있다.

문화는 어차피 독립 발생하거나 동시 발생하더라도 전파·수용·변용·소멸을 계속하는 속성을 가지며, 이들 요소들은 상호교류와 상호작용을 통해 변동하기 때문에, 누천년 축적된 그 본질이나 순수한 원형을 찾기에 학문은 너무 유한하다.

한정된 자료를 갖고 추정한 발생지보다는, 나를 가장 널리 오랫동안 신앙해 준 한국과 한국인이 바로 나의 터전이고 배판이며 원류라고 생각한다.

4. 家系와 신앙 모티프

우리 선조들은 머리에 벙거지를 쓰고 있는 분이 많다. 뒤에서나 옆에서 본 선조님의 벙거지 쓴 모습은 마치 남성의 심볼을 닮았다고 얘기한다. 남성상징인 남근(男根)은 음양(陰陽)에서 양성(陽性)을 뜻하므로, 마을사람들은 나에게 풍년농사와 자손창성 및 다산(多産)을 빌었다. 이에 따라 나의 가계(家系)와 신앙 모티프가 남근숭배신앙, 링가(linga) 숭배신앙에서 유래되었다고 주장하는 학자들도 있다. 전라북도 정읍 원백암(元白岩)에는 내 옆에 탐스런 남성기(男性器)를 세워 놓았다. 태국이나 인도의 사찰에는 남근을 오색천(五色布)을 감아 모셔 두고, 우유나 꽃을 뿌리면서 소원을 빌며 기도하는 것으로 보아, 나의 신앙기능과 성신앙(性信仰)은 무관하지 않은 모양이다.

어떤 이는 나의 일반적인 명칭이 장승이라는 데 착안하여 고려시대 사찰의 토지경계표인 장생고(長生庫) 표지설과 연관시켜 나의 가계의 불교관련설을 주장한다. 또 어떤 이는 장승의 뜻을 오래 살아 없어지지 않는다는 도교(道敎)의 불로장생(不老長生)과 연관시킨다. 어느 마을에서는 나를 마을 입구에 한 쌍을 세우거나, 동서남북의 사방 또는 십이간지(十二干支)의 십이방위에 세운다 하여 풍수지리와 관련된 도교가 내 피 속에 흐르고 있다고 말한다.

민족지(民族誌) 학자들은, 원래 '벅수'라는 시골

이름이 가장 오래된 호칭이며, 이는 퉁구스족 샤먼의 이름인 '박사·박시·박수'에서 변화하여 신상(神像)인 나의 이름이 되었다고 주장한다. 어느 학자는 나를 마을의 물[水口]을 지켜 주는 복수(卜水)라느니 법수(法守·法樹)라 하여 건물 난간의 신상으로 집을 지켜 주는 수문신이라 얘기한다.

어쨌든 나는 원시수렵시대의 경계표인 나무·바위·돌무더기와 연관되어 신앙대상으로 숭배되었다. 불교·도교·유교·무교(巫敎)가 나의 가계의 혈맥을 이루었고 신앙 모티프가 되었던 것이다. 이러한 의미에서 나는 비록 보잘것없는 신상이지만, 자비와 무위자연(無爲自然), 인(仁), 화해를 바탕으로 한 가장 한국적인 세계 종교의 신상이라는 자부심을 갖고 있다.

2. 장승신앙의 뿌리
民草의 생활과 염원 속에

1. 순박한 마을사람들과 더불어

나는 마을입구나 길거리를 수문장처럼 지키며 살아왔다. 무서운 병을 옮겨다 주는 손님마마가 어린이에게 접근하지 못하게 하고, 또 괴질이 마을에 한치도 들어오지 못하도록 하는 것이다. 마을을 찾는 낯선 길손에게 친절히 길을 안내해 주거나 남은 이정(里程)을 알려 주어 심신의 피로를 잊게 하고 여정을 확인하게 한다. 또 마을과 마을 사이의 중간지점 경계표가 되어, 오래 못 만난 사돈들끼리 음식과 덕담(德談), 소식을 교환하는 '중도보기'의 장을 마련해 주고, 마을길을 고치는 마을 공동작업인 울력의 경계표적 기준점이 되기도 했다.

마을사람들은 마을의 전통에 따라서 집대·신목·신당·돌무더기·선돌과 함께 마을공동신으로 나를 모시고 풍년·풍어·화평을 기도하며, 병마와 액운을 퇴치해 달라고 빈다. 어떤 경우에는 나를 마을입구 길목에 세워서 산신님이나 집대할아버지를 보좌하는 소임을 맡기며, 헌석으로 밤·대추·사과·배 등을 뿌려 주기도 한다.

나를 모시는 마을사람들의 정성은 지극하나 민초들은 워낙이 가난해서 나의 체구나 조각수법은 빈약하기만 하다. 나는 민초들이 마음 내키는 대로 만든 송곳니를 드러내 놓고 무서운 얼굴을 하고 있지만, 본마음은 농민들처럼 항시 순박하다.

2. 千年古刹의 護法神像으로

산사(山寺)에 불공을 드리러 오는 신도들은 먼저 속세에 더럽혀진 마음을 깨끗이 씻어 준다는 세심천(洗心川)을 지나게 된다. 세심천을 따라 절 가까이 오면 진리는 둘이 아니고 하나라는 불이문(不二門)이나 일주문(一柱門)을 거치게 된다. 나는 흔히 사하촌(寺下村)과 불이문 중간 절 가까이에 근엄하면서도 인자한 자태로 서 있다. 돌이나 나무를 재료로 해서 불교적 조형미와 토속적인 기법, 관념들이 어우러져 조각된 나는 부처님의 성전과 성역을 부정(不淨)으로부터 지키고 부처님 법을 지키는 수문신(守門神)이다.

나의 동료 신들인 칠성신이나 산신·집대당간 등은 부처님 성역 공간 안에 좌정하고 있는데, 나만이 일주문 먼발치에 서서 신도들을 안내해 주고, 할머니나 아녀자들이 손비빔을 하며 소원성취를 비는 기도처의 신상으로 봉사하고 있다. 때로는 절의 논밭이나 사찰의 경계지점에 수문장처럼 우뚝 서서 사찰 사방산천의 풍수비보(風水神補)를 지켜 준다. 내가 서 있는 안쪽에서는 땔감 채취는 물론 짐승사냥, 고기잡이 등을 금지시키기도 한다.

나무를 재료로 제작된 나의 동료인 사찰장승은 예천 용문사(龍門寺)의 호법대장군(護法大將軍)·삼원대장군(三元大將軍), 승주(昇州) 선암사(仙巖寺)의 호법선신(護法善神)·방생정계(放生定界),함양(咸陽) 벽송사(碧松寺)의 호법대신(護法大神)·금호장군(禁護將軍), 하동(河東) 쌍계사(雙溪寺)의 외호선신(外護善神)·가람선신(伽藍善神) 등의 이름자를 가졌고, 생김새들은 불교조각의 영향을 받아 예술적으로도 매우 걸작품들이다.

全南 靈岩郡 金井面 立石里, 입석과 고인돌

3. 이정표와 守護神將으로서

나는 가끔 국로[官路]의 중간중간에서 이정(里程)을 표시하여 나그네에게 길을 안내해 주고, 성문(城門)·병영(兵營)·해창(海倉)에 세워져 공공의 시설을 지켜 주고 보호하는 기능을 한다.

『경국대전(經國大典)』『팔도지리지(八道地理誌)』『동국여지승람(東國輿地勝覽)』등에 보이는 우편역과 병참기지는 노표(路標) 장승인 나의 역할과 관계가 깊다. 고을과 읍성(邑城)·진성(鎭城)·병영(兵營) 등의 여러 성문에 세워져 차마(車馬)의 출입은 물론 읍성의 군사와, 주민들을 재액(災厄)으로부터 지켜 준다.

해창(海倉)에 세워진 나는 해안이나 포구에서 세금으로 나라님께 거둬 올리는 지방특산물과 곡식이 풍랑과 해난을 잘 피하여 서울로 부쳐져 나라살림에 보탬이 되도록 지켜 준다. 고을의 지세와 형국이 풍수지리상 위태한 곳일 경우에도 한국인들은 지맥(地脈)을 다스리기 위하여 벅수나 짐대를 세운다. 나는 읍성이 천년 세월 속에 평화롭고 풍수적 안녕이 깃들도록 밤낮으로 지켜 준다.

나처럼 하찮은 신상을 나라에서까지 공공의 안녕을 위하여 세운 뜻은 움직이는 포졸 수문장으로 하여금 차마(車馬)나 사람의 출입을 통제하고, 귀신·도깨비·병액 등은 나에게 지키도록 소명한 것이 아닌가 생각해 본다.

생활에 성실히 임하고 항상 신[하늘]에게 감사하는 옛 선인들은 인간의 도리를 다하고 신의 뜻을 기다리는 의미에서 풍수비보형(風水神補形)의 장승인 나를 창조한 것이 아닐까. 신(神)이 결정하고 인간은 다만 최선의 노력을 다한다는 지혜는 예나 지금이나 동서양을 막론하고 변치 않는 진리라는 것을 입증해 주고 있다.

나와 같이 성문·해창 앞에 서 있는 예로는 부안 읍성(扶安邑城)·강진 병영성(康津兵營城)·장흥 관산읍성(冠山邑城)·순창 남계리(南溪里), 사천 가산(泗川駕山)의 장승들이며, 이들은 관변(官邊)과 민초가 심정적으로 만나는 화합의 신상이다.

3. 장승의 모습

1. 人性과 神性이 만드는 표정

마을사람들은 편의에 따라 소나무·밤나무·오리나무 또는 돌로 나를 적당히 만들었다. 얼굴은 귀신이나 장군처럼 그리거나 조각하고 가끔은 노인·선비·문무관·미륵·부처처럼 만들었다. 무형식의 표현이지만, 나를 보는 사람의 시각이나 마음에 따라 선하게도 보이고 무섭게도 보이는 수많은 얼굴을 가졌다. 그러나 괴기스런 표현에도 불구하고 누구에게나 친근감을 주고 선한 시골 노인 같은 인상을 주는 것은 나의 순한 천성 때문이다.

불교조각의 법의(法衣)나 문무관의 조복(朝服)을 걸친 장승도 있으나 대부분 몸체의 세부를 과감히 생략하였다. 몸뚱이에는 천하대장군(天下大將軍)·지하여장군(地下女將軍)·상원주장군(上元周將軍)·하원당장군(下元唐將軍)·토지대장군(土地大將軍)·방어대장군(防禦大將軍) 등 각양각색의 글자새김을 하였고, 발 밑에는 '홍천 삼십리' '춘천 팔십리' 식으로 거리를 표시하기도 했다.

어느 마을에서는 아무렇게나 생긴 자연석을 곧추 세운 선돌을 그대로 모시거나, 여기에 간단한 이목구비 또는 단순히 문자만을 그리거나 새겨서 기도를 드린다.

농어산민(農漁山民)들은 나를 '미륵님·당산·장성·비석·할머니'라 부르며, 음력 정월 보름경 제사를 올린다. 내 주변과 동네 주위에 황토를 깔고, 한지를 끼운 왼새끼를 감아 금줄을 만들고 정성껏 장만한 음식으로 그들의 소원을 빈다. 그들의 소박한 바램 때문에 나는 희극과 비극, 환희와 고뇌, 선함과 악함, 포용과 강제의 표정을 동시에 지녀야 하는 홍백탈의 얼굴을 가졌는지도 모른다.

어떤 이들은 나의 얼굴 생김새를 보고 나를 가장 한국적인 풍물이라 얘기한다. 가식이나 형식미를 배제하고 인공의 아름다움이 아닌 자연주의적 신성(神性)을 최대한 살려 만들었다고 보기 때문이다. 비너스나 아폴로 신의 조각처럼 관능미나 균형잡힌 몸매를 뽐내지도 않고 또 우쭐댐이 없이 느긋하고 그윽한 맛이 나의 매력인지 모른다. 때묻지 않고 수줍어 하는 아름다움, 자연에 순응하려는 농부의 소박한 심성이 나의 내면세계를 이룬다.

수많은 미술사학도들이 나의 미적 조형과 양식을 정리하고 논하려 했지만 그들의 노력은 허공을 맴도는 논리의 유희에 그치고 말았다. 나에게는 조각 양식과 제작기법, 시대변천을 한눈에 볼 수 있는 논리성이 있으면서도 없고 없으면서도 있다. 한국인의 얼굴이 모두 다르고 한날 한시에 태어난 아이들의 손가락과 발가락의 길이와 지문이 다르듯 신의 섭리를 인간들이 알 수는 없기 때문이다.

2. 민중의 다양한 표현을 한 얼굴에

흔히 '할아버지·천하대장군·남벅수·남장승'이라 부르는 나의 조상 형제들의 얼굴 모습은 다양다기하다.

체구——몸체 생김부터 둥근 것·네모진 것·세모진 것·길쭉한 것·넓적한 것·키가 큰 것·작은 것·사람 모습·기둥 형태 등 하나도 같은 게 없다.

모자——머리에 쓴 모자도 무인(武人)의 벙거지〔氈笠〕, 문인(文人)의 사모(紗帽)·갓〔笠子〕·탕건(宕巾), 짚으로 만든 송낙, 익선관(翼善冠) 등이 있다.

머리·이마——머리의 형태도 장두형(長頭形)·광두형(廣頭形)·달걀형·메주형·세모돌이·네모돌이·초란이처럼 삐뚤이형 등 여러가지이다. 이마의 모양도 됫박이마, 둥근 이마, 속좁은 이마, 칠산바다같이 넓은 이마가 있고, 미간에 부처처럼 백호(白毫)가 있는 이마, 주름이 없는 이마, 주름이 두세 개 있는 이마 등 다채롭다. 머리와 머리카락도 민대머리가 있는가 하면 나무를 뿌리째 뒤집어 쓴 산발머리, 곱게 빗어 제낀 단정한 머리, 뒤로 갈라 땋아 댕기를 맨 머리, 부인처럼 쪽을 쪄 비녀를 꽂은 머리, 상투를 짜올린 머리, 평양박치기 같은 짱

구머리 등 각양각색이다.

눈매——눈의 처리는 부리부리한 왕눈, 눈알이 툭 튀어나올 듯한 구슬눈, 눈꼬리가 치켜 올라간 눈, 눈꼬리가 처진 눈, 찡그린 눈, 웃는 눈, 사팔 눈, 쌍까풀 눈, 눈자위에 둥그런 선을 돌려 안경을 낀 느낌을 주는 눈, 세모난 눈, 눈을 감아 버린 실눈 등이 있고, 눈썹이 없는 것, 솔밭처럼 무성한 눈썹, 짧게 끊어진 도막눈썹, 눈썹이 빠진 것, 톱니처럼 문양이 있는 눈썹 등 실로 다채롭다.

귀——귀가 크면 남의 말을 잘 듣는다 했다. 나는 미륵처럼 길게 늘어진 귀를 자랑한다. 나의 귀는 절구통을 길게 반 뚝 잘라서 붙인 형태가 있고, 아라비아 숫자인 8자를 반 자른 모양, 부처처럼 늘어진 귀에 귓볼이 많이 붙은 형태, 반달떡처럼 둥그런 형태, 귓바퀴까지 예쁘게 조각한 것 등이 있다. 어느 소목과 돌쟁이는 귀찮아서인지 아예 귀를 만들지 않았고, 귀를 조각하거나 나무로 깎아 맞추는 것조차 잊어버린 모양이다. 아니면 마을사람들은 나에게 그들의 소원을 알고 있으니 다른 사람의 말이나 잡귀의 달콤한 말을 듣지 말라고 아예 귀를 없애 버렸는지 모른다.

코——옛 민요에 "장모는 좋겠네 장인 코가 커서"라는 풍자와 해학이 있다. 코는 남성의 상징이다. 대부분의 우리들 코는 잘생긴 주먹코이지만 빈대코도 있고 메부리코도 있으며 세모난 코도 있다. 어느 선조는, 좁은 콧구멍에 콧수염까지 달고 있는 분이 있다. 형질인류학적(形質人類學的)으로 보면, 우리들의 코의 형태는 단비형(短鼻形)보다 길쭉한 장비형(長鼻形)이 많으며, 협비형(狹鼻形)보다 코볼이 넓은 광비형(廣鼻形)으로 시골 농부나 할머니의 코를 닮았다.

입——형태적인 유추에서 입은 여성상징이다. 입을 헤벌리고 있으면 씀씀이가 크고 낭비가 많다고들 한다. 우리들의 입은 크다. 하현(下炫) 반달처럼 웃는 입, 한일자로 꼭 다문 입, 다소곳이 다물고 사색하는 듯한 지긋한 입, 어찌 감히 하면서 위아래

이가 보이도록 호령하는 입, 인간들이 하는 짓거리가 안타까와 찡그린 입, 화난 모습의 뒤둥그린 입, 합죽이 입 등 수없이 많다.

이——여러 형태의 입모양과 함께 나는 튼튼한 이를 가졌다. 옛 어른들은 이가 좋은 것을 다섯 가지 복 중의 하나라고 얘기들 한다. 나의 이는 가지런한 구슬이빨, 귀엽게 생긴 덧니, 위에서 아래로 삐져나온 송곳니, 위아래에 엇물린 톱니이빨, 성벽의 기호무늬 같은 요철이 있는 이빨, 옥수수 모양의 고른 이빨 등 여러 형태가 있다. 나의 이는 어떠한 잡귀나 악마도 범접 못 하도록 씹어 뱉을 듯한 형상이다. 그러나 나의 많은 선조들은 입을 굳게 다물고 힘보다 지혜로, 지혜보다 덕(德)으로 잡귀를 다스려 왔으니, 처용이 아내를 겁탈한 잡귀를 노래로써 다스린 지혜가 바로 이런 것이 아니겠는가.

표정——우리들의 표정은 웃는 얼굴이면서 근엄하고, 성나 있으면서 노기(怒氣)를 숨기고 때로는 볼이 터질 것 같은 웃음을 참는 지혜로운 모습이다.

턱——방방하게 만들어진 턱, 턱주가리 없는 낭떠러지 직각턱, 주걱턱처럼 올라온 형태, 양볼턱이 튀어나온 네모턱, 아랫부분이 한 점으로 좁아진 세모턱, 턱과 목의 구별없이 얼굴이 평면으로 이어진 모양 등 여러가지이다.

수염——수염은 여장승의 경우 대개 달지 않으나, 여자도 늙으면 수염이 생겨나는지 지하여장군의 턱에 수염을 단 경우도 있다. 남장승의 수염은 거친 선을 그어 몇 가닥 만들거나, 채수염을 휘날리는 모양, 댕기처럼 땋아서 늘어뜨린 형태, 왼쪽으로 휘날리는 것, 오른쪽으로 휘날리는 것, 세 묶음으로 갈라놓은 모양 등이 있다.

어깨——몸체는 과감히 생략했지만 어깨를 표시할 경우 보살에 가까운 형제들은 부드러운 윤곽으로, 장군신을 의미하는 벅수들은 직각으로 잘라 힘이 들어가게 표현하였다.

옷——우리들은 거의가 옷을 입지 않고 등과 배를 평평하게 깎아 천하대장군·지하여장군 등의 신

全北 井邑郡 七寶面 元白岩, 장승과 男根石

장명(神將名)과 글자를 새겨 세운 해·시주자(施主者)·거리·리수(里數) 등을 표시하기도 한다. 특별히 옷을 입는 경우에는 관복(官服)이나 조복(朝服)을 입었고, 양팔을 읍하거나 붙이고 있다. 그러나 대부분이 발가벗은 몸체 그대로이며, 글자도 없고 묵묵하니 고집스럽게 길목을 지킨 천하제일의 힘센 장수 초나라 항우(項羽)의 모습을 하고 있다.

목장승은 남편의 경우 몸체에 황토를 바르거나 석간주 단청을 하기도 하며, 부인은 남편과 생김새는 같으나 관(冠)이 없는 경우가 있고, 얼굴에 연지 곤지를 바르고 몸체를 청색으로 단청하기도 한다.

우리 부부는 만든 사람의 심성이나 믿음, 고향산천에 따라 멋대로 만들어진다. 심술꾸러기이며 장난기 있는 도깨비를 닮은 것, 부처님상을 닮았지만 자비와 친밀감이 느껴지는 미륵형, 험상궂은 귀신을 표현한 귀면형(鬼面形), 기품있는 선비나 천군만마(千軍萬馬)를 거느릴 장군을 닮은 문무관형(文武官形), 순박하고 천진스런 시골 노인형 등이 있다. 우리 부부를 '남장승' '여장승'이라 구분해 부르나, 사실 우리는 흐르는 세월 속에 희노애락을 같이 느끼며 살다 보니 서로 닮아 있다. 잘 어울리는 한 얼굴이라서 부부간을 구별하기란 참으로 어렵다.

4. 장승과 인간의 만남

1. 나를 찾고 믿는 사람들

사람들은 나의 뒷모습이 마치 남근(男根)을 닮았다 하여 아들 가지기를 나에게 빈다. 나를 껴안고 입을 맞추기도 하고, 삼색 실과(三色實果)를 차리고 촛불을 켜놓고 한밤에 기도를 올리는가 하면, 이와는 반대로 어느 부인은 늘그막에 들어선 아이를 낙태시키기 위하여 나의 눈과 코를 갉아서 감초와 함께 달여 먹는다. 많은 한국인의 모습이 나와 너무 닮았다는 것은 아마 이런 주술종교적인 비방약을 먹고 태어났기 때문일 것이다.

마을공동신앙으로서 나는 마을민의 소망에 따라 농사의 풍년이나 고기잡이가 풍요롭고 해상사고가 없으며 병액을 막아 주도록 하는 소임을 맡고 있다. 또한 건강·소원성취·대학합격·무운장도 등등 여러가지의 벅찬 일들을 요구하면서도 때로 대접이 소홀하여 서운할 때도 있다.

나의 발 밑에 돌이나 소나무가지를 던져 쌓는 사람, 한지·헝겊·오색 비단·왼새끼·짚신을 매달아 두는 사람, 그저 손만 비비며 비념하는 할머니,

全南 潭陽郡 金城面 原栗里의 堂山祭

여행시 수인사하는 할아버지, 밤·대추·곶감·술을 헌석하는 단골님네, 천주팔왕경 등의 불경을 읽어 주는 스님, 장신고사와 서낭제사를 드리고 당산굿을 치는 사람 등 신앙의식 또한 사람에 따라 각양각색이다.

나에게 비는 사람들은 대부분 학식과 덕망이 있고 경제적인 부를 누리는 권력층이 아니고 연약한 총생들이다. 그러나 권력과 학식, 부를 가진 사람들도 어려움이 닥치면 부인네를 시켜 나에게 가호를 빈다. 아무리 큰소리를 쳐도 인간은 역시 신의 어린 양일 뿐이다.

2. 신앙체험의 장승제

벅수거리·장승백이·짐대터·당골 등의 지명은 나와 조상들의 본적지이거나 생장지였다. 나를 신봉하는 마을사람들은 그들의 조상님네가 믿었던 천신(天神)·산신(山神)·동신(洞神)·가신(家神) 등을 신앙으로 물려받았다. 이러한 생업과 연관된 지역신(地域神) 이전에 그들은 초자연적 영(靈)을 믿는 애니미즘(Animism, 精靈崇拜)과 모든것에 생명이 있다고 믿는 애니마티즘(Animatism, 有生觀)과 만났고, 이는 다시 신인동형론(神人同形論, Anthropomorphism, 人態神)과 시이즘(Theism, 有神觀)의 문화 진화과정을 겪었다.

나 역시 칠천 년 이상 지속된 자연신앙과 무교(巫教)·불교·도교·유교 등이 접합된 토속신앙의 대상이다.

나는 마을제사[洞祭]의 주신(主神)이나 보조신(補助神)으로 한국민족의 기층문화로서 존재하여 왔다. 그들은 나에게 마을공동수호신·수문신(守門神)·금표신(禁標神)·경계신(境界神)·제액벽사신(除厄辟邪神)·농업 어업 등의 생산신(生産神)·

忠南 靑陽郡 定山面 松鶴里에서는 해마다 장승을 세운 후 정월 열나흘 밤에 장승제를 지낸다.
마을 사람들이 신에게 소원을 비는 축문을 읽고, 燒紙를 올려 각 가정의 번영을 빈다.

134

노신(路神) 등의 다양한 임무를 부여하여 왔다.

나에게 지내는 제사는 당산제·산신제·장승제·별신굿·수살제 등 여러 이름으로 불린다. 제사를 지내는 시기는 음력 정월초나 보름경이 대부분이며, 시월에 지내는 곳도 있다.

나를 만드는 사람이나 나에게 제사 지내는 사람은 생기복덕(生氣福德)에 맞고 부정이 없으며 깨끗한 분이다. 그들은 목욕재계하고 언행과 외출을 삼가하며, 살생 장소·산가(産家)·상가(喪家)에 가지 않으며 부부간의 동침도 금한다. 내게 제사를 올릴 때 그들은 삼색 실과·떡·나물·밥·돼지머리 등을 차려 놓고 향을 피우고 술을 따라 붓는다. 신에게 의례적인 소원을 비는 축문을 읽고, 각 가정의 현실적 소망을 비는 소지(燒紙)를 올려 농사풍년·바다풍어·수명장수·자손창성·가축번성을 빈다. 제를 마친 후 마을사람들은 음식을 나누어 먹고 동네 회의를 한 후 메구굿을 치며 한바탕 논다. 제사를 핑계삼아 그들은 집안과 마을의 일년 대청소를 한다. 또 신내림·협의·윤번제·연장순 등의 민주적 선출과정에 따라 제관을 선출하는 방법을 익힌다. 제사 비용의 공동조달·공동금기·공동의례·공동규범의 확인을 통해 그들은 전통적 가치를 마을공동체 단위로서 사회화해 나간다.

뒷풀이로 이어지는 메구굿·줄다리기 등의 마을잔치는 민요·무용·연극의 집단예술을 전수시켜 주고 농번기에 쌓였던 피로를 한마당 농악 가락에 쓸어버리고 차분한 마음으로 새로운 생활설계를 하는 기능으로 이용되었다.

나는 농민들이 많은 제물을 거창하게 장만하여 벌이는 치성보다 그들의 생활에 맞는 성의있는 대접을 기대한다. 다만 그들에게 집단성원의 우리의식(We feeling)을 심어 주며, 신의 축복을 받는 가족으로서 보호의 감정·안도감·긴장해소·인간이해 등 삶의 청량제로서의 휴식을 안겨 준다면 나는 그것으로 만족한다.

鬼面瓦, 統一新羅時代, 國立中央博物館

3. 조상님들의 역사 流轉

나는 민중들이 뿌리를 내리고 사는 산촌·어촌·농촌에서 그들의 역사와 인문환경에 영향을 받고 태어났다. 나의 얼굴은 선사시대의 소박한 원초예술에서 오늘날의 추상미술에 이르기까지 다양하게 표현되고 있다. 나는 이러한 예술사조에서 인간심상의 원형질과 신의 짓궂은 장난을 보는 것 같다. 원시적인 표현 속에 되살아나는 문화의 영겁회귀적인 진실이 내 몸 속에 꿈틀거리고 있기 때문에 삼십만 년의 시간과 삼십삼 억의 세계인 속에 내가 살아 있는 것이 아니겠는가.

신석기시대에 나는 기념비와 경계표로서 선돌·돌무더기·큰 나무 등으로 존재하였다. 예기치 않았던 위험의 극복, 자연의 신비에 대한 외경 속에서 석기시대 사람들은 흙·뼈·조개껍질·돌 등에 인물이나 새를 새겨 천신·수목신·수렵신으로 나의 조상을 섬겼다.

청동기시대에 나의 조상 모습은 천군(天君)인 사제자(司祭者)의 종교의기(宗敎儀器)에서 짐대신간(蘇塗神竿)과 골제신상(骨製神像)으로 나타났다.

全北 南原市 萬福寺址, 돌벅수

철기시대에는 농어촌에서 지내는 마을제사의 원형으로서 부여(扶餘)의 영고(迎鼓), 고구려의 동맹(同盟), 마한의 춘추천신제처럼 거족적인 신앙축제가 있었다. 이때 마을에서는 천군이 다스리는 신역(神域)의 장대[神竿] 끝에 오리나 기러기를 올린 짐대인 솟대[蘇塗]신앙을 채택하였는데, 나 역시 이러한 신앙복합문화와 같이 어우러진 신상(神像)이었을 것이다.

고구려에서는 나무로 부인상을 만들어 신으로 모셨다. 백제는 하늘과 오제지신(五帝之神)에 제사를 지냈다. 왕실이나 관아의 벽체와 지붕을 도깨비 기와로 장식하는 벽사신앙(辟邪信仰)이 유행하였는데, 나의 얼굴은 이때부터 귀신 기와를 닮은 모습을 하게 됐다.

신라에서는 삼산오악(三山五岳)에 제사를 지내고 천경림(天鏡林)·신유림(神遊林) 등이 소도[짐대] 지역으로 외경시되었으나 후에 왕실이 후원하는 신흥불교에 밀려 나는 터전을 빼앗겼다. 이산가족이 된 나는 사찰문전의 장생[벅수]과 대웅전[큰숫터·큰놈숫터] 앞의 당간지주[짐대], 그리고 칠성당·산신당·독성각(獨聖閣) 등 민중신당의 형태로 명맥을 이어가고 있다.

통일신라와 고려시대에는 장흥 보림사 경내의 경덕왕 18년에 세운 장승, 청도 운문사의 목석제 장생표, 양산 통도사의 국장생 석표 등은 사찰의 재산이나 풍수비보의 대리인으로 취급된 것 같다.

고려·조선시대에는 풍수지리가 널리 유행하여 산천비보도감(山川裨補都監)과 비보소(裨補所)를 두었다. 지세(地勢)가 약한 곳은 돋우고, 흉한 곳은 인위적으로 절이나 탑을 세워 좋은 형국을 만들었다. 또 살(煞)이 있는 곳에는 조산(造山)을 하거나 장생(長生)을 세웠다. 『고려사(高麗史)』와 『팔도지리지(八道地理誌)』 등에 '승곡[柱谷]·장성현[長承峴]' 등의 역명(驛名)이 나오는데, 이는 내가 병참·운송·우편의 표징으로서 채용되었음을 예증하는 것으로 볼 수 있다.

남원 만복사 돌벅수나 강화의 고종릉 문무인석은 고려시대 수문장의 상징으로서 나를 빼어 닮았다. 이는 함북 웅기(雄基) 송평동(松坪洞)의 선사시대 신상(神像), 삼국시대의 귀면와(鬼面瓦)·처용면(處容面) 등과 같은 문화적 전승의 혈맥으로 나의 가계(家系)가 이어져 왔음을 알려 주고 있다.

조선 중종(1527년) 때는 최세진(崔世珍)이 저술한 『훈몽자회(訓蒙字會)』에 내 이름이 '당승후(堠)'로 표기되어 민속신앙으로서 나의 위치가 권력자의 눈에 띈 것 같다. 나이가 뚜렷한 조상은 전북 부안 서외리(西外里) 서문안 당산장승(숙종 15년, 1689년), 전남 나주 운홍사 벅수(숙종 43년, 1717년) 등이다.

미륵과 문무인상(文武人像)·귀면와·동자상(童

子像)을 닮은 나의 선조와 형제들은 이 땅을 지키며 마을사람들을 수호하는 의무를 다해 왔다. 수많은 살맥이돌·돌탑·신목·짐대·벅수 등은 한국의 역사 속에서 기능과 책무를 충실히 수행했던 것이나, 이젠 새로운 신앙사조에 밀려 민예품 정도로 신성(神性)이 무시당하고 있는 것이 오늘의 현실이다.

4. 민중과 더불어 – 그 恨과 고뇌

나는 왜 함북 웅기 송평동에서 발굴된 흙이나 조개껍질로 칠천년 전에 만들어진 인물상과 부산 동삼동(東三洞)에서 발굴된 오천년 전의 그것들과 같은 느낌을 주는 것일까.

신라사람들의 허무와 냉소를 철학적 미소로 표현한 토제 인형들, 익산(益山) 미륵 사지석탑 네 귀에 서 있는 한없이 순박한 백제 할아버지 모습의 석상(石像), 고구려 삼실총 대안리, 약수리 고분의 선이 굵고 양감있는 역사(力士)와 문수(門守) 등에서 나는 천이백여년 전의 내 자화상을 본다. 또 익살·괴기·해학·냉소·천진·인자·멍청함·순종 등으로 점철된 우리 벅수들의 얼굴이 왜 뻔뻔스럽고 가식뿐인 현대인에게 호소력이 있는지를 새삼 묵상해 본다.

신라·고려의 기와에 보이는 도깨비와 돌로 만든 귀신·장수·신장의 얼굴들, 울지도 웃지도 않는 익살과 기지의 고려시대 하회탈, 원근·고저·입체감 없이 멍청히 살아있는 민화의 얼굴들, 전통적 조형기법을 과감히 탈피한 할머니 같은 미륵부처님들은 나와 뿌리를 같이하는, 혈연과 지연과 신연(神緣)이 맞아 떨어지는 가족들이다.

조선시대에도 우리는 힘없는 백성과 더불어 이 땅의 왕과 지배관리가 만들어 놓은 규범과 질서 속에 순응하며 살아왔다. 우리의 핏 속에는 질박한 민중들의 단순소박한 꿈과 기구복(祈求福)신앙이 담겨 있고, 처절한 민초의 삶과 이를조용히 극복하려는 몸부림이 자유로운 표정으로 살아있다.

민중과 더불어 희노애락을 몸으로 부딪히면서, 서

全北 益山郡 金馬面 箕陽里 彌勒寺址石塔의 石人像

민의 애증을 대변하는 현세적 신장상(神將像)으로 나는 자유롭게 태어났다. 화났을 때는 파도와 같은 노여움으로, 기쁠 때는 해맑은 웃음으로, 슬플 때는 가슴을 토해내는 분노를 참으며, 민중의 한(恨)과 멋과 신명을 삼켜 왔다.

나는 외래문화에 쉽사리 동화되거나 흉내내지 않고 나름대로의 철학을 가지고 그 많은 격변의 상황을 포용해 왔다. 흙에 사는 사람들의 소박한 안목과 가식없는 표현이 나의 혼과 심성을 이루어, 나도 그들처럼 우직하고 바보스럽고 익살스럽게 생겨났는지 모른다. 그들이 일부러 무서운 도깨비나 힘있는 장수 혹은 어진 선비처럼 나를 표현하려 하여도, 나의 괴기스럽고 익살넘치는 표피를 한꺼풀만 벗기면 나는 영락없는 호랑이 담배피우던 시절의 시골 할

具面, 新石器時代, 國立中央博物館

土偶, 古新羅時代, 國立慶州博物館

아버지이고 할머니 표정이다. 인자한 덕(德)과 포근한 속마음이 몸에 배다 보니 아무리 위엄과 권위를 갖춘 공포의 신장(神將)을 만들려 하여도 결과는 허사이다. 도둑 없는 마을의 개가 짖지 않는 것처럼 농어민들의 머리나 손이 나를 만드는 것이 아니고, 그들의 선한 마음이 내게 생명을 불어넣었기 때문이다.

시골 목수나 석수의 꾸밈없는 덤덤한 속마음을 나는 언제나 잊지 않고 있다. 나의 형제와 부모, 조상의 얼굴 이외에 다른 사람의 모습을 마음속으로나마 동경해 본 적이 없다. 나의 얼굴은 지금도 산골에서 자연과 인공의 신들린 조화 속에 옛모습 그대로 민중의 한(恨)과 고뇌를 해학과 익살로 숨긴 채 가장 한국적인 풍물로 남아 있다.

5. 오늘에 남아 전하는 벅수신앙

벅수골·장승골·장승백이·입석골·짐대터 등 옛날 나의 선조가 있었던 곳으로 확인되는 우리들의 고향은 전국에 이천여 개소나 된다. 우리 장승들이 남아 있는 유적지는 1982년 2백여 개소였던 것이 1988년 2월 현재는 169개소로 줄어들었고, 지금도 어디에선가 훼손되고 있을지 모를 일이다. 현재 남아 있는 장승의 수는 석장승이 79 개소, 목장승이 90 개소라 보고되고 있으나, 이 내용은 책임있는 연구기관에 의하여 좀더 집중적인 확인조사를 거쳐야 할 것이다.

목장승은 썩어 없어져 멸실되기도 하고 새로 세워지기도 하는데, 요즈음은 서구 종교의 영향으로 신앙기능이 상실되어 더욱 큰 인멸 위기에 있다. 나의 선대격(先代格)인 돌장승의 경우도 신앙기능이 약해져 훼손되고 있으며, 부자집 정원과 식당의 문전에 장식용으로 이용되고, 심지어는 돈벌이가 된다고 해서 나를 해외로 유출하는 사례도 있다.

제주도와 전라남북도 경상남도 충청남도 일부에 집중적으로 분포되어 있는 돌장승은 이곳이 돌장승의 시원지(始原地) 또는 문화잔존지역이었을 가능성을 크게 해 준다. 한편 충남 충북 경기 강원의 목장승과 짐대의 집중분포, 수살 등의 명칭과 풍부히 남아 있는 장승제와 산신제의 유습은 연구과제이기도 하다. 그리고 강원도의 경우 장승보다 짐대가 남아 있는 곳이 많은데, 이러한 문화적 분포가 고대 정치문화권의 문화잔존인지 아니면 재질에 따른 내구성의 결과인지 장승과 짐대의 양자택일 문화의 선호인지는 앞으로 밝혀져야 할 관심과제이다.

오늘날 산업사회와 도시사회로 나온 장승은 화려했던 옛 신화를 잃어버리고 말았다. 고속도로 휴게소나 어린이 공원에 세워진 장승들은 키와 덩치만 크게 콘크리트로 만들어지고 울긋불긋한 치장은 하였으나 멋과 생명력을 상실하고 한낱 관광장식품으로 서 있다. 사찰의 나무장승은 천연색 페인트로 장승 흉내를 내고 있으나, 호법신의 기능이나 불교적 도교적 명문을 잊어버리고 천하대장군으로 뽐내고 있다. 공공의 장승은 청년회의소에서 만든 도시입구의 해태나 사자상으로 대체되고 있다.

경남 울주에서는 나무장승에 얼굴을 그리고 화강석비에 천하대장군이라는 명문(銘文)을 새긴 신식 형태까지 나왔다. 명문 또한 '장생신위(長椎神位)' '별선장군위(別禪將軍位)'로 변하고, 사제자도 마을 노인에서 무당이나 스님들로 바뀐 곳이 있다.

현대인들은 시골의 '벅수'를 별장의 정원으로 옮겨 놓았다. 고향산천의 새소리 물소리 친구가 그리워 허탈해진 마음과 슬픈 눈의 우리 '벅수'를 생각해 볼 때 한스러운 생각이 많이 든다. 신상을 모시는 정성이 없이 그저 정원의 장식품으로 모셔진 박제된 나는 신통력과 악귀퇴치의 힘을 잃어버리고 있다. 장승의 신앙성을 무시한 인간들 역시 가치기준과 윤리의식을 증발시켜 버린 채 비인간화하고 있다. 신(神)이 죽었듯이 인간도 죽어가고 있다. 신화의 창조가 기다려지는 지금 인간들은 터잃은 우리들 장승에게 고향을 되찾아 주고 신성(神性)을 불러일으켜 주어야 한다.

전국 목석제 장승 도별 통계표

구분 / 도별	목장승	석장승	계
제주		47	47
전남	17	37	54
전북	4	15	19
경남	13	10	23
경북	3	5	8
충남	22	8	30
충북	14	2	16
경기	12	1	13
강원	5	1	6
서울	(6)		(6)
북한		(3)	(3)
계	90 (96)	79 (82)	169 (178)

괄호 안의 숫자는 추정 통계숫자

1. 장승 관련지명 771개소
2. 전국 장승 유적지(1982년 현재) 200개소
3. 전국 장승 유적지(1988년 현재) 169개소
4. 전국 민속자료 지정 문화재 11개소
5. 전국 지방 민속 자료 약 70개소

6. 향토색 짙은 장승문화

1. 장승문화 — 無念無想의 土俗美

민중의 체험과 심상이 어우러진 우리 벅수들의 특징을 한두 마디로 표현할 수는 없다. 제작자의 철학이나 신념, 감독하는 마을 노인들, 돌이나 목재 등의 재질, 제작방법과 전통기술, 설치방법 등이 저마다 다르고 차이가 난다. 또 우리를 세우는 위치, 부수되어 동반되는 선돌·솟대 등의 신앙물, 제사의식 등 모두가 지역이나 시대에 따라 개성이 있고 또 서로 다르다.

세부 조각기법에 있어서도 전문적인 장인(匠人)에 의한 불상과 달리 얼굴·몸체·명문에 통일된 격식이나 영조법식(營造法式)이 없다. 그저 그 지방에서 나고 자라서 애정을 가진 재주꾼이 무아(無我)의 신들림 속에 정성들여 만들었을 뿐이다. 정해진 교본이나 수치도 없이 눈썰미나 마을 원로의 가르

全北 淳昌郡 淳昌邑 南溪里, 벅수

침에 따라 만들어질 뿐이다.

　그러나 나의 모습은 이러한 무계획적인 시도에도
불구하고 시대와 지역을 뛰어넘는 어떤 공통적 특
징은 분명 가지고 있다. 군이 이를 들춘다면, 순박
한 토속미, 마음을 비운 제작 태도, 멋부리지 않으
려는 단순성, 사상성과 상징성의 은근한 반영, 자연
주의적인 감성, 양식화의 거부, 과감한 생략, 추상적
신비의 표현 등을 들 수 있다. 따라서 이러한 내 모
습의 지역적 특징을 묻는다면, 한우물에서 퍼낸 물
맛의 얘기나 한국의 철학을 서양의 과학으로 분석
하려는 어리석음에 비교될 수 있다.

2. 제주도─하루방의 허탈과 忍從

　한국의 가장 남쪽 제일 큰 섬인 제주도는 최근의
학문적 연구성과에 의하면 빌레못 동굴의 구석기

유적, 남제주군의 남방식 지석묘, 청동기시대와 철
기시대의 무문토기 등 풍부한 유적과 유물이 있다.
이 지역은 해양문화의 한국 유입이나 대륙문화의
일본 전래의 징검다리로서 문화비교의 관점에서 매
우 주목되는 곳이다.

　제주도 주민들은 정감나는 제주도 방언, 선문데
할망, 삼성혈 신화, 당신 본풀이 등 독특한 민속문
화를 가지고 있다. 어김없이 이곳에도 나와 비슷한
기능을 가진 거오기(방사탑)가 있다. 거오기는 돌무
더기 위에 긴 장대를 세우고 상부에 까마귀라 하는
새를 올려놓은 마을제사 신단이다.

　이곳에서 우리 장승의 선조들은 '우석목(무석목)·
벅수머리·돌하루방·돌영감·수문장·동자석·장
군석·옹중석·망주석' 등으로 다양하게 불렸으며
통칭적인 이름은 없다. 세워진 위치는 제주시·대정
(大靜)·성읍(城邑) 등 삼현성(三縣城)의 성문이며,
분명 지역적 특징이 뚜렷하였을 관련 동제는 소멸
되었고, 주술·경계적 기능만이 전해져 올 뿐이다.
재질은 구멍이 송송 뚫린 현무암으로, 크기는 134센
티미터에서 187센티미터이며, 가슴넓이 27.54센티미
터에서 53.9센티미터까지 여러 형태이다. 제작 연대
는 1754년 이후로 추정되는데, 제주시 23개소, 대정
읍 인성 12개소, 표선면 성읍리 12개소 등 총47(45)
개소가 있으며, 제주민속자료 제2호로 지정돼 있다.

　이들은 거의가 기포공이 많은 회흑색 현무암을
이용하여 거친 조각을 하였으며, 각 부분별로 특징
이 있다. 즉 두툼한 벙거지를 푹 눌러쓰고 있으며
부리부리한 눈망울, 자루병 같은 코, 일자로 째진
꼭 다문 입, 길게 매달린 귀, 약간 들어올린 턱, 수
염 표현의 생략, 볼록 돋은 광대뼈, 약간 기운 강인
한 어깨, 허탈한 표정, 태권도 자세로 주먹을 쥔 듯
한 자세 등 두 손을 어슷하게 모으고 선 자세로 칼
이나 창을 든 흔적, 임산부 표현 등등이 제주 고유
의 향토색을 물씬 풍기고 있다.

　돌하루방은 강직하면서 온유하며 멍청하면서도
덕성을 지니고 있으며, 허탈한 눈망울 속에 불굴의

全南 麗水市, 火正黎

全南 麗水市, 南正重

기상이 돋보이고 있어 수호신적, 주술종교적 장수나 무사신상(武士神像)으로 볼 수 있다. 이는 남태평양의 석상문화(石像文化)와 몽고족·돌궐족풍의 북방문화가 제주 고유의 향토색과 합쳐져 새로운 이미지를 형성한 것으로 풀이된다.

3. 전라남북도 - 장승문화의 옛 터전

서남해안과 만경강·영산강 등을 끼고 넓은 평야에 자리한 호남은 성모신사(聖母神祀)로 유명한 지리산을 동부에 두고 있는 축복받은 땅이다. 지석묘가 가장 많이 분포되어 있고, 최근에 발굴된 섬진강 상류의 구석기 유적이 말하여 주듯 일찍부터 선사문화가 발전되었던 곳이다.

마한과 백제의 옛터로 이 지역 사람들은 벼농사와 수리시설을 발달시켰고, 중국 일본과 빈번한 교류로 건축·토기제작·금속공예에 뛰어난 기술을 발휘했었다. 그리하여 이 지역에는 벼농사와 관련된 천신사상·자연숭배신앙이 널리 퍼져 있고, 공동노동 경작의 오랜 전통을 계승한 두레조직에 의하여 민요·농악 등 집단예술도 특징있게 선호된 곳이다.

수도 서울이나 부여·공주의 배후생산 지역으로 농업생산의 중요한 터전이었지만, 역대의 권력계층으로부터 경원시되었던 곳이기도 하였다. 주민은 순진무구한 농사꾼의 진리를 그 기본 성향으로 간직하면서 노동의 고뇌와 한(恨), 개혁의지 등을 그들의 판소리·육자배기·농악·시나위 음악의 신명 속에 발산시켰다.

전라남북도는 장승 유적의 최대 잔존지역으로, 잠정 확인된 통계로 보면 전국 167개소 가운데 73개소가 이 지역에 남아 있다. 이 가운데 전남은 54개소로 돌장승 37개소, 목장승 17개소이며, 전북은 19개소에 돌장승 15개소, 목장승 4개소가 남아 있다.

우리를 부르는 명칭도 '국장생·장승·장성·벅수·당산(돌탑·상당·입석) 할아버지, 할머니' 등 다양하게 불려지고 있다. 그만큼 우리가 이 지역 사람들의 생활 속에 용해되고 융합되어 있음을 일러주는 것이리라.

이곳 장승들의 세워진 시대나 지역은 매우 다양하여 장흥 가지산 보림사(寶林寺) 장생탑비, 전북 익산군 동고도리(東古都里)의 수구막이, 영암 월출산 기슭의 국장생·황장생, 남원 만복사지의 석장승 등은 멀리 통일신라시대에서 고려시대의 것으로 보인다. 조선시대의 것으로는 남원 실상사(實相寺) 돌벅수, 나주 운흥사(雲興寺)·불회사(佛會寺)의 돌벅수, 무안 법천사(法泉寺)의 돌벅수, 해남 대흥사(大興寺), 승주 선암사(仙巖寺)의 목제 호법신장(護法神將) 등이 대표적이다. 이들은 성격상 무속과 불교의 조화적 만남이 돋보이는 명품들이기도 하다.

호남에는 나라의 기틀을 굳게 하고 고을의 지맥을 다스리며 재앙과 역병을 막아 주는 풍수비보장생(風水裨補長椎)이 많다. 그 중에도 전북 익산 동고도리의 수구막이, 남원 운봉(雲峰)의 진서대장군(鎭西大將軍)·방어대장군 벅수, 순창읍 충신리(忠信里)와 남계리의 돌벅수, 전남 여수, 여천의 화정여(火正黎)·남정중(南正重) 문자 벅수, 광주 동문밖 보호동맥(補護東脈)·와주성선(蝸柱成仙) 등은 매우 주목되는 자료라 할 수 있다.

한편 읍·진(邑鎭)의 성문에서 귀신과 도깨비를 막고, 천연두 두창병(痘瘡病)을 가져오는 호귀(胡鬼)를 쫓는다는 '성문벅수'의 예로는 전북 부안의 서문안 당산, 장승, 전남 강진의 병영성 서문밖 돌벅수, 장흥 관산북문밖 돌벅수, 보성 해평(海坪) 벅

수 등이 있다.

마을제사의 신체(神體) 대상이 되는 장승은 여수와 여천의 돌벅수들, 진도 덕병(德柄)의 대장군·진상등(鎭桑燈), 장성 와우리의 한글 장승 등 현재 약 20여기가 확인된다.

결국 호남지방 장승의 기능은 액맥이·잡귀방지·수호신(풍농·풍어·안전)·사역수호·읍성수호·풍수비보·득남 등 매우 다양하여 한국 장승문화 연구의 중요한 대상지역이 된다. 이 지역 사람들의 돌벅수에 대한 강한 애착은 장승문화의 잔존상을 실감있게 보여주고 있는 셈이다.

호남지역 장승은 너무 다양하여 한마디로 표현할 수 없다. 신라·고려시대의 장승은 화강석을 다듬은 돌비석에 얼굴 표현 없이 국장생·황장생의 문자만 새긴 유형이 있다. 그리고 조각수법에 있어서 남원 만복사지, 남원 신기리 장승처럼 힘이 넘치는 금강역사 수문신을 닮은 것, 순창읍 남계리 벅수, 익산 동고도리 수구맥이처럼 불교의 영향을 받아 미간에 백호를 한 것, 그리고 전북 부안과 정읍, 전남 무안의 당산벅수처럼 순박한 시골 노인과 같은 것 등이 있다.

남원 실상사, 운봉 서천리, 영암 금정산 쌍계사 벅수는 머리에 차양이 있는 벙거지를 쓰고, 힘이 들어가 있는 왕방울눈, 힘있게 솟은 주먹코와 송곳니, 힘센 장사의 턱, 한 가닥 혹은 두 가닥의 팔자수염, 괴체의 몸통 등 명산사찰을 지키는 당당한 풍채를 지니고 있다.

강진 병영, 보성 해창, 나주 불회사·운흥사, 영광 도동, 무안 성남, 진도 덕병, 담양 천변(川邊)의 장승들은 담력과 지혜, 익살과 기지, 관용과 응징, 용서와 화해의 심상을 두루 갖춘 표정을 하고 있다. 해남 대흥사, 승주 선암사, 화순의 나무벅수, 장성, 곡성, 여천, 신안, 해남, 전북의 장수군 수척, 고창 선운사(禪雲寺), 부안 내소사(來蘇寺)의 장승들은 뽐내거나 우쭐댐이 없이 느긋하고 그윽한 맛, 세월 속에 고뇌를 극복하는 지혜가 담긴 탈속한 아름다

움을 가졌다.

전라북도는 장승유적지의 본고장답게 11개소의 전국 지정문화재 가운데 중요민속자료가 나주·남원·순창·부안 등지에 7개소가 있고, 호남지방 지정문화재 장승도 영암·부안·남원 등지에 약 16개소가 된다.

4. 경상남북도 – 바닷사람의 신앙염원

낙동강·금호강을 젖줄로 팔공산·금오산·추풍령 등을 안산(案山)으로 위치한 경상남북도는 변진(弁辰)·가야·신라의 옛 강역이었다. 이 지역은 지형적인 영향으로 산신(山神)과 골맥이를 믿는 민속신앙이 일찌기 보급되었다. 김해평야를 제외한 곳에서는 가파른 산을 이용한 보리농사와 산간지역이라는 특성 때문에 자연에 대한 응전정신이 강하여, 신라왕조는 백제·일본·고구려·당과 겨루면서 해상교통을 열기도 하였다.

금은세공, 철의 생산과 토기 제작 등 기술문화에 눈을 떴고, 화랑정신과 불교문화를 배양하여 정복 속의 풍요를 누리기도 하였다. 농업문화와 관련된 민속보다도 양반 거유풍(巨儒風)의 놀이문화가 많았고, 안동 차전놀이, 창녕 줄다리기, 하회 별신굿, 가산·고성·통영의 오광대, 진주 검무, 수영 야류(野遊) 등 전문연희자 중심의 놀이가 선호되는 곳이다.

이곳의 장승들은 '돌장승(석장승)·목장승·장성·벅시' 등으로 불린다. 확인된 숫자는 모두 31개소이다. 이를 좀더 자세히 보면, 경북 상주·예천·선산·청도(淸道) 등의 목장승 3개소, 돌장승 5개소, 경남의 창녕·의창(義昌)·충무·통영·울산·합천 등의 돌장승 13기와, 거릿대와 나무벅수가 있는 함양·하동·밀양·마산·충무·통영·거제 등지의 10개소 그것이다.

고려시대 장승으로는 양산 하북면(梁山 下北面)과 울주 삼남면(蔚州 三南面)의 국장생을 들 수 있다. 이 중 통도사의 장승은 사역(寺域)과 풍수비보

의 석표(石標)이고, 고려시대의 청도 운문사(雲門寺)와 조선시대 초기 안동 다인(多仁)의 주(柱)·갑주(岬柱)·장선주(長善柱) 등은 기록에만 있을 뿐 실제 확인이 안 된 유적이다.

조선시대의 장승으로는 창녕 관용사(觀龍寺)와 상주 남장사(南長寺), 충무 문화동, 선산 도중리(善山 道中里), 통영 삼덕리, 사천 가산리의 예가 있는 바 이들은 사원수호·경계표·풍수비보·수호신의 기능을 가지고 있다.

별신제의 화짓대와 함께 모시는 목장승은 거제의 어온리, 망치리 삼거리와, 통영의 곤리 등지에 약 8개소가 있다.

예천 용문사와 함양 벽송사(碧松寺), 하동 쌍계사의 사찰장승은 호법대장군·삼원대장군·금호대장군·호법대신·가람선신(伽藍善神)·외호선신(外護善神) 등의 명문이 적혀 있는 특이한 것들이며, 밤나무를 이용한 빼어난 조각품들이다.

한편 충무 문화동과 사천 가산리의 벅수는 도읍의 풍수비보와 해운(海運)을 이용하여 곡식을 운반하는 조창(漕倉)과 수운(水運)의 안전을 비는 신앙유물이다. 이 지역에 분포된 우리 장승들은 화강석이나 소나무·밤나무를 이용해 만들었고, 크기는 높이 71~235센티미터, 둘레 30~160센티미터 등 다양하다.

목장승의 특징은 거제 어온리(於溫里) 등 산어촌의 경우 소나무 둥치를 잘라 얼굴부분만 자귀나 대패로 깎아 먹으로 망건·눈·귀·입·코·수염을 표현하였고, '천하대장군·지하여장군' 등의 명문을 묵화·묵서(墨畫·墨書)하였다. 벅수 옆 동네 입구에는 긴 장대를 세우고 그 위에 오리를 올려놓은 별신대〔화짓대〕를 같이 세운 마을도 있다.

특히 하동 쌍계사의 장승은 밤나무를 거꾸로 다듬어 뿌리를 머리에 이게 하고, 쇠눈같이 치켜진 큰 눈, 코볼이 넓은 납작코, 송곳니, 꽃무늬 같은 입과 수염, 둥근 턱, 댕기머리의 외가닥 수염을 형상화하여 특색있는 모습을 하고 있다. 또 '외호선신·가람

忠南 公州郡 灘川面 松鶴里, 장승

선신'이라는 명문도 주목된다. 함양 벽송사 장승은 미간에 백호, 코주부코, 불꽃무늬 입과 수염, 방방한 턱을 표현하였고, '금호대장군·호법대신'이라는 글자를 새겼다.

경상남북도 돌벅수는 전라남북도처럼 벙거지를 쓴 형태의 장승이 없고, 대신 상투형이나 탕건형이 주류를 이루는 것이 대조적이며, 외형적인 모습도 호남지방의 삼·사등신(三四等身)과 다른 이등신이어서 가분수형이거나 난장이형이다.

대부분 큰 귀, 툭 튀어나온 둥근 눈, 퉁퉁 부은 눈, 안경 쓴 눈, 주먹코, 한일자 입, 송곳니, 방방한 턱, 세 개의 수염 등이 통영 삼덕리(三德里), 충무 문화동(文化洞), 사천 가산리, 창녕 관용사, 대산리(岱山里) 장승의 형상 특징이다.

낙동강 유역의 선산 도중리 돌장승은 화강석을 모나게 자르고 문무인상을 새긴 형태이다. 사천 가산리 벅수는 사모관이나 익선관 같은 뿔이 있는 모자를 쓰고 홀(笏)을 쥔 듯이 양식화한 것이고, 창녕 관용사 벅수는 상투머리에 안경을 쓴 것 같은 아기(雅氣)어린 형태이다. 상주 남장사의 천진스런 벅수는 어수룩함 속에 익살이 넘치고 능란한 기교가 엿보이는 인간적인 작품이다.

경남 해안의 별신제와 함께 소나무로 제작한 수많은 벅수와 짐대들은 조용히 살고픈 바닷사람의 신앙 염원을 담은 성표(聖標)이고, 이는 벼이삭을 따뜻이 착취를 일삼는 관리와 양반에 대한 도피이고 저항이기도 하였다.

경남에는 충무 문화동 벅수, 통영 삼덕리 벅수 등 지정민속자료 2개소가 있고, 경북에는 상주, 대구 등지의 5개소가 지방민속자료로 지정되어 있다.

5. 충청남북도─푸근한 인정미의 나무장승

한반도의 서해안과 중부내륙에 위치하며 금강과 남한강 상류를 끼고 차령산맥 좌우에 펼쳐진 산간과 평야지대가 충청도 영역이다. 백제왕조의 중심지역으로서 서산·공주·부여는 해로를 통해 선진 중국문물을 수용했던 곳이다. 벼농사·건축·토목술이 발달하였고, 외유내강한 주민 성품은 꾸준한 교섭력을 가지고 있으며, 오만이나 편견을 배제하는 중용을 그 큰 덕목으로 삼는다. 이 지역에는 논산 은산 별신제, 공주 송학 장승제, 아산 기지시 줄다리기 등 풍부한 민속신앙이 남아 있다.

충청도에서 우리들 장승은 '장성·수사리·수살·벅수' 등으로 불리고 있으며, 46개소에 남아 있다. 즉 충북 보은·단양·청원·옥천 등 약 16개소의 마을에서는 산제·장승제의 대상 신으로 목장승이 모셔지고, 충남의 경우는 천원·금산·공주·부여·청양·홍성·예산·당진·아산·대덕 등지에 약 30여개소에 장승이 있다.

충청도 장승의 재질은 대부분 목장승이며, 석장승은 청주 용정동(1652년), 음성 양덕, 대덕 법동, 대덕 세천, 공주 한사소, 아산 배방(排芳), 공주 유구 등 약 8개소에 남아 있다. 이 지방 장승들의 제작 연대는 대개 석장승이 조선 중기, 조선 후기로 추정

되고 있으며, 목장승의 경우는 대부분 전년에 세운 것이 썩으면 해마다 산신제나 장승제 때 다시 세우는 신앙신목인 탓으로 제작연도는 확인하기 어렵다.

이 지역 우리 장승의 형상 특징은, 석장승의 경우 탕건형 관을 쓰거나 관이 없는 것이 대부분이고, 왕방울 눈, 푸석푸석한 눈두덩에 평범한 눈, 치켜진 눈, 주먹코, 조용한 웃음을 띤 입, 솜털수염 등 얼굴 부분은 정교히 표시하였으나 의복·팔·다리 등 몸통 부분은 생략되었다.

목장승은 긴 통나무를 잘라 귀면·미륵·장군·문무관 상징의 얼굴을 먹으로 그리고, '천하대장군·동방축귀대장군·오방신장축귀대장군' 등의 묵서명을 몸체에 적어 마을입구나 동제신역(洞祭神域)에 세워 놓았다. 이들은 동네어귀에서 벽사축귀의 방액·방위신장의 무서움을 표시하려 했으나, 충청도 사람들의 푸근한 인정미가 배어 있는 장승만이 제작되었을 뿐이다.

지정민속자료는 없고, 지방민속자료로 대덕 비룡리(飛龍里), 대전 법동(法洞) 석장승 등 두세 기가 지정되어 있다.

江原道 洪川郡 北方面 田峙谷, 地下女將軍

6. 서울·경기도 – 상실과 허상

한반도 중심부에 위치한 서울 경기는 조선조 오백여년간의 수도로 한강·한탄강을 끼고 물산(物産)의 집하는 물론 인걸의 집합장이었다. 지형상 육상 해상 교통로의 핵으로 구석기와 신석기시대 이후 한국 역사상의 중요한 무대였다. 오랫동안 지배층문화의 중심이었던 탓으로 토박이 서민의 땀이 밴 민속이 아니고, 지배계층을 위한 전문적 연예인들의 공연문화가 돋보이는 지역이다. 경기 민요, 안성 사당패놀이, 남이장군 제당 등은 바로 그러한 성향이 스며든 민속문화였던 것이다.

서울 경기지역에서는 우리를 대부분 '장승'이라 부르고 있는데, 현재 서울에 전해지는 석장승은 지방에서 반입된 상경(上京) 유물로서 토박이 유물은 별로 눈에 띄지 않는다. 목장승은 귀면형에 '하원주장군·상원당장군'이라 묵서된 것과, 신흥사(新興寺) 목장승, 봉은사 목장승, 보문동 절의 목장승 등이 있고, 그 밖에 흑석동·대방동·상도동 등에도 해방 전후에 있었다고 전한다.

한편 강화도의 고종 왕릉(1259년), 개성의 공민왕릉(1375년)의 문인석, 수원 용주사 석인(石人) 등이 장승의 조형과 너무 비슷하여 유형상 기원과 계통을 서로 비교할 수 있다.

경기의 목장승은 김포·광주·시흥·강화·양평·화성·여주·용인 등에 13개소가 남아 있다. 이들의 제작 연대는 다른 지역의 목장승과 마찬가지로 대부분 산제와 장신고사 때 새로 깎아 세웠기 때문에 최초 제작 시기를 밝히기는 어렵다. 이들 목장승은 마을입구나 산신제터 돌무더기 위에 솟대와 함께 세워져 있다. 나무를 둥치째 잘라 장승의 형상을 새겼는데, 사모관을 씌우거나 그냥 민대머리인 경우도 많다. 치켜 올라간 눈, 길게 늘어진 세모 코, 적당히 반원이나 반달모양으로 파낸 입, 각도 있게 파낸 주걱턱 등이 특징이며, 몸체에는 '천하대장군·지하대장군'을 묵서하였다.

경기도 지방의 우리 장승들은 요철(凹凸)과 직각

의 조각기법을 사용하여 매우 추상적인 특징을 가지고 있다. 가장 호화롭고 사람의 왕래가 빈번한 풍요로운 곳으로, 어쩌면 소망을 이룩해 주는 장승조차 필요없는 공간이 서울이다. 그러나•이렇게 가치관의 상실과 권세적 물욕적 허상만이 춤추는 사회일수록 옛 모습과 전통의 순수한 자양분이 더더욱 필요해진다. 이러한 때에 경기도 농촌의 소박한 장승제 전통이 점차 없어져 가고 있는 것은 우리 장승들로서는 참으로 안타까운 일이 아닐 수 없다.

7. 강원도 – 동해용왕을 부르는 짐대

강원도는 동해안과 태백산맥을 끼고 있으며, 대관령을 중심으로 영동과 영서로 나뉘어진다. 풍부한 산림자원, 해안과 강을 따라 춘성군 중도(中島), 양양군 영진리(領津里), 명주군 하시동리(下詩洞里) 등에 선사문화와 삼국시대 초기의 유적들이 있다. 이는 이곳이 예맥의 옛생활 터전이며, 고구려와 신라의 문화접경지였다는 사실을 말해 주는 것이다.

구름이 산을 비켜가듯 산간 주민은 성실하고 우직한 데가 있으며, 옥수수와 감자가 많이 생산된다. 정선아리랑·대관령산신제·강릉단오제·관노가면극 등이 이 지역을 대표하는 민속문화들이다.

이곳에서는 우리들을 서울의 영향인지 '장승'·'장성'이라 부르며, 1968년 조사로는 홍천·영월·인제·양구·명주·평창·오대산 월정사 등에 약 6개소가 있었다. 세워진 위치는 마을어귀나 성황당에 한 쌍 2기씩 세워져 있으며, 소나무를 깎아 얼굴을 그리고 먹글씨로 '천하대장군·지하여장군'이라 써 놓았다.

홍천 전치곡(田峙谷)의 경우 이십년생 소나무를 둥치째 잘라 큰자귀·손자귀·끌·톱·낫 등을 사용해 몸체를 만들고, 황토를 풀어서 채색하고, 붓과 먹으로 남자는 무서운 표정, 여자는 평범한 모습으로 그렸다. 장승 옆에는 잡귀와 잡신이 못 들어오도록 '따와기' '까와기'라 부르는 짐대를 세우고, 실과 백지를 왼새끼줄에 예단이라 하여 묶어 둔다.

강원도의 장승 유적은 대부분 소멸되었고, 함께 세워져 있던 짐대만 홍천 전치곡, 하동, 명주 심곡·낙풍(樂豊), 강릉 강문(江門)·월호평(月呼坪), 원성 금대(原城 金垈)에 잔존하고 있다. 이들 진또배기는 동해안 별신굿의 신간(神竿)으로도 신앙되어 영동인들의 애환을 달래 주고 희망과 위안을 준다. 동시에 현실적인 만선의 꿈과 해상안전을 지켜달라고 동해용왕께 어부들을 대신하여 애타게 기도하고 있다.

청동기시대의 의식용기에서 보듯이 짐대나 진또배기는 삼한시대의 소도와 연관된 신역(神域)의 신간이다. 긴 장대 위에 새를 올려 놓아 하늘과 땅, 인간을 연결하는 우주목(cosmic tree)으로서 강신신앙(降神信仰)의 고대 신목(神木)이요, 천지신(天地神)이 만나는 통로이다. 강원도민들은 이 신간의 바닷새를 통하여 그들의 소망을 동해용왕께 빌었던 것이다.

江陵市 草堂洞, 솟대

8. 북한지역 – 生死不明의 돌장승

지금은 두고 온 산하(山河), 백두와 두만·압록이 창조하는 자연들, 부여·동예·옥저·낙랑·고구려의 고토, 만주벌을 누볐던 고구려의 기상과 웅지를 이어받은 후예들, 구석기 신석기 청동기 철기시대의 문화가 겹을 이루어 발굴되는 함경북도 굴포리(屈浦里), 황해도 지탑리(智塔里) 유적들, 고구려 3백년, 고려 6백년의 도읍지가 있던 곳, 북청사자놀음·봉산탈춤 등 북방적 기상이 넘쳐 흐르던 민속극들.

북한지역의 우리들 장승은 현지 자료를 확인할 수 없어 전승 호칭조차도 분명하게 밝힐 수 없는 것이 아쉽다. 다만 조선시대 초기의 문헌자료에 황해도 평산(平山)의 '주(柱)'와 조선 중기의 황해 배천[白川]의 '장승(長性)'이라는 지명이 나온다. 조선 후기에는 평북 희천(熙川)에 당승·돌미륵·돌장승이 다리 앞에 세워져 있다고 소개되었고, 해주 연안에는 '석장승리'라는 지명이 있다.

1945년 8월 15일 일본의 핍박 속에서 손발이 풀리던 날, 다시 오년 후 1950년 6·25동란의 비극, 사십년이란 분단의 비극 속에서 민중의 염원과 꿈을 심어 주던 나의 형제 돌장승들은 잘 있는지…

농어민의 한과 얼이 살아 숨쉬는 장승은 더욱 위세를 떨치고, 영변 약산 진달래와 함께 성불사 입구에서 또 금강산에서, 통일이 되는 그 어느날 우리가 상봉할지 모를 일이다.

시간과 공간이 단절된 슬픈 지대, 한국인의 희노애락이 해학과 익살 속에 스며든 민중신앙이 숨어 버린 곳, 칠천년 역사와 수천만의 동포가 다시 만나는 날을 기대해 본다.

공동체의 상상력
장승의 재발견

朴泰洵 소설가

장승은 현세의 온갖 더러움·아픔·절망·희망 따위를 그 표정으로 잔뜩 실어내고 있다. 태평성대가 곧 온다는 정치적인 이념 제시도, 구원의 세계가 온다는 종교의 속삭임도 이 장승들의 '얼굴 씻기'를 해 주지 못하여, 이승의 온갖 먼지와 때를 흠뻑 뒤집어쓰고 있는 형국이다. 그리하여 장승들은 못난이 소리로 면박이나 당하기 일쑤인 그런 백성들의 '醜의 미'를 한껏 드러내놓고 있다. 거기에는 각설이의 설움, 말뚝이의 노여움, 흥부의 무능한 착함, 놀부의 심술이 표현되고 있으며, 장승을 땔감으로 쓴 변강쇠의 뻔뻔스러움 같은 것마저 깃들여 있다.

사람과 장승의 만남

"못난 것들은 서로 얼굴만 보아도 흥겹다"하고 시인 신경림(申庚林)은 노래한 바 있는데, 바로 사람과 장승의 만남이 또한 그렇지 않은가 한다. 못난 것들――서로의 얼굴 보기――흥겨움으로의 감정 이행은 인간세계에서만이 아니라 사람들과 장승 사이에서 생겨나는 친화력을 그렇게 설명해 주고 있는 듯하기 때문이다. 여기에서 우선 다음과 같은 세 단계의 설문을 작성해 보기로 하자.

1. 사람들은 왜 장승을 만드는 것인가 (못난 것들은 서로)
2. 장승은 사람들에게 무엇인가 (얼굴만 보아도)
3. 사람들과 장승의 관계는 어떠한가 (흥겹다)

사람들은 장승을 만들 적에 당연히 그 장승을 통하여 자신들의 느낌·생각·믿음·모습 들을 표상시키고자 하는 것이니, '장승≧사람들'의 관계가 성립되는 것이고, "얼굴만 보아도 흥겹다"는 자기 일치감을 그로부터 획득해내는 것이다. 그런데 여기서의 '사람들'이란 한두레(공동체)의 삶을 같이 누리는 '못난 것들', 즉 '민족 공동체'에 놓인 이들이다.

그리하여 장승제는 한국 민중문화의 원초신앙과 세시풍속의 대동놀이적인 성격을 가장 대표적으로 보여주는 기층문화의 행사를 이룰 뿐 아니라, 익명의 마을사람들의 집체예술(集體藝術) 내지 공동창작 작업으로 되어 한반도 고유의 민족성과, 각 지방 특유의 향토성, 나아가서는 장구한 역사를 타고 흘러오는 민족지(民族誌)를 구성케 한 것이었다.

장승은 그 자체로 '민족'의 형식에, '민중'의 내용을 담아온 역사적, 사회적 산물이었다. 필자는 그것을 '공동체의 상상력'이라는 관찰로서 파악, 그러한 상상력, 나아가서 상상력의 공동체가 오늘의 우리에게 일깨움 주는 바가 무엇일까를 살펴보고자 한다.

장승의 얼굴 – 醜의 미

장승은 교통이 편리해졌다는 오늘날 교통이 가장 불편한 오지에만 간혹 꽁꽁 숨어 있다. 따라서 서관

대로(서울-평양, 신의주), 북로(서울-원산, 함흥), 삼남대로(서울-광주, 제주), 영남로(서울-문경새재, 부산) 등 가장 중요한 길목마다 놓여 있었던 옛 장승과 오늘의 장승은 그것이 같은 것이면서도 같은 것일 수 없다. 이러한 사정은 장승 사진을 통해서도 확인할 수 있다. 가령 1910년대 이전의 사진들은 초가집, 울창한 수림, 동구 밖 고개마루의 서낭당, 상투 틀어 한복 입은 장꾼들, 색동 옷 입은 아이들, 트레머리에 장옷 입은 여인들에 둘러싸여 있는 장승들을 보여주는데, 오늘의 장승 사진에는 이런 생활 모습이 있을 수 없는 것이다. 장승 자체는 '조선토종'의 표정을 간직하고 있건만 그 주변 환경이 완전히 변해 버린 것이다.

한반도의 억센 땅에서 풍찬노숙을 하고 있는 장승들은 목우(木偶), 석우(石偶)이기는 하지만 온갖 세속적인 희로애락의 감정들을 사람들 자신보다 더 압축적인 조형으로 드러내 놓고 있다. 우리가 찬탄하게 되는 석굴암 불상이라든가, 반가사유상이라든가, 또는 경주 남산의 여러 마애불상이나 화순 운주사(雲住寺)의 미륵상들조차도 고등종교의 '마음 비우기'를 통해 나름대로의 세련성을 획득해내고 있는 것처럼 보인다면, 장승은 그런 '걸러내기'를 하지 않는다. 현세의 온갖 더러움·추저움·아픔·절망·희망·욕심·심술·외고집·음탕함 따위를 그 표정으로 잔뜩 실어내고 있다. 태평성대가 곧 다가온다는 정치적인 이념 제시도, 타락의 끝에 구원의 세계가 온다는 종교의 속삭임도 이 장승들의 '얼굴 씻기'를 해 주지 못하여, 이승의 온갖 먼지와 때를 흠뻑 뒤집어쓰고 있는 형국이다. 그리하여 장승들은 못난 이 소리로 면박이나 당하기 일쑤인 그런 백성들의 '추(醜)의 미(美)'를 한껏 드러내 놓고 있다. 거기에는 각설이의 설움이 어리고, 말뚝이의 튼튼한 노여움, 흥부의 무능한 착함, 놀부의 실속 차리기 심술, 변학도의 능글맞음, 심학규(심봉사)의 주착에, 뺑덕어멈의 변덕이 표현되고 있으며, 장승을 땔감으로 쓴 변강쇠의 뻔뻔스러움 같은 것마저 깃들어 있다.

서구의 보수적인 철학자 오르테가 이 가세트(Ortega y Gasset)는 '대중의 반란'이 이십 세기의 특징이라고 보았거니와, 근대문화는 대중의 이런 자기 개방, 즉 억압받아 오던 인성(人性)의 자기 폭발을 도리어 그 문화의 기폭제로 삼아 이루어지고 있다는 사실을 우리는 어렴풋이나마 이해한다. "못난 것들은 서로 얼굴만 보아도 흥겹다" 하는 그것이 단순한 차원에 머무르는 것이 아니라 '신명'을 내어 한판 마당놀이를 벌여 민중 축제를 벌이게 하며, 다시 한 걸음 더 나아가 못난 것들이 사람답게 사는 세상을 만들어 보자고 나대는 시대를 이루어 나가게 하는 것이다. 장승은 바로 이러한 민중 이력서를 가지고 있는 것이겠는바, 여기에서 이미 탁월한 '장승의 문학'이 배출되어 나왔던 바 있었다. 「변강쇠가」가 바로 그것이었다.

문학과의 만남-「변강쇠가」 일명 가루지기

원래 열두마당 판소리의 하나였으되 그 내용이 당시의 지배층들에게 저속하고 불온스럽다 하여 신재효(申在孝)가 정리한 다섯마당에는 포함되지 아니한 것으로 보는 「변강쇠가」는 조선조 후기 사회의 장승들의 세계를 아주 구체적으로 보여주고 있다. 이 판소리는 지리산을 무대로 하고 있는데, 실제로 그 지방에는 장승이 있는 마을이 많다.

주인공인 변강쇠와 옹녀는 탕남·잡녀로 묘사되고 있는바, '강(强)쇠'라는 이름과, 항아리 같은 여자라는 뜻의 '옹녀'라는 이름은 그 성력(性力)의 탁월함에 비유되고 있는 것이었다. 그렇기는 하지만 그들은 혼탁한 조선조 후기 사회에, 생활의 근거를 빼앗긴 채 비참하게 방황하는 유랑민일 따름이니, "어려서 못 배운 글 지금 공부할 수 없고, 손재주 없었으니 장인질 할 수 없고, 밑천 한푼 없었으니 상고(商賈)질 할 수 있나, 밤낮으로 하는 것이 그 짓뿐… 그 중에 할 노릇이 상일밖에 없으니 오늘부터 지게지고 나무나 하여옵쇼" 하는 것이 그들이 놓여 있는 생활 형편이다. 변강쇠와 옹녀는 타고난

慶南 咸陽郡 馬川面 楸城里 碧松寺 入口, 장승

힘을 지녔으되 사회적으로는 비참한 환경에 놓인 기층 민중을 풍자한 인간형인 것이다.

변강쇠는 등구·마천·백모촌이라는 곳으로 나무를 하러 갔다 하였으니, 오늘의 함양군 마천면 추성리 벽송사(碧松寺) 부근의 산막에서 살았던 것으로 추정할 수 있다. (어쩌면 '백모촌'이 한신계곡 초입의 백무동일 수도 있겠는데, 판소리 문학이 이처럼 구체적인 지명을 제시하고 있다는 것이 흥미롭다. 지리산 지역이 유랑민의 마지막 거점이 되고 있다는 것을 은연중에 강조하는 것인지 모르겠다.) 하지만 하루 해를 낮잠이나 자면서 보낸 그가 궁여지책으로 "애 안 쓰고 좋은 나무 거기 있다" 하여 산길

에 세워져 있는 장승을 발견, 이를 떼어내려고 하니 그 장승이 "화를 내어 낯에 핏기 올리고서 눈을 딱 부릅뜨"는 일을 만나지만, 변강쇠는 아랑곳하지 않은 채 "달려들어 불끈 안고 엇두름 쑥 빼내어" 집으로 가지고 돌아왔다는 것이다.

"애겨… 장승 패어 땐단 말은 언문책 잔 주(注)에도 듣도 보도 못한 말"이라 하면서 옹녀는 이를 말리지만 변강쇠는 태연히 땔감으로 써버리고 만다.

"이때에 장승 목신(木神) 무죄히 강쇠 만나 도끼 아래 조각 나고 부엌 속에 잔재 되니 오죽히 원통겠나" 하고 이 판소리는 해설한다. 그리하여 이 목신이 복수를 하기 위해, "경기 노강(노량진) 선창 목에 대방(大方)장승 찾아가서… 원정(原情)을 아뢰게" 되는 것이다. 이에 '대방장승'이 분노하여 '함양 동관(同官)' 장승의 발괄을 전하는 통문을 돌린다는 것이다.

"통문 한 장은 진관천 공원(公員)이 맡아 경기 서른네 관, 충청도 쉰네 관 차차 전케 하고, 한 장은 고양 홍제원 동관이 맡아 황해도 스물세 관, 평안도 서른두 관 차차 전케 하고, 한 장은 양주 다락원 동관이 맡아 강원도 스물여섯 관, 함경도 스물네 관 차차 전케 하고, 한 장은 지지대 공원이 맡아 전라도 쉰여섯 관, 경상도 일흔한 관 차차 전케 하라."

그리하여 조선 지방에 있는 장승들은 "하나도 낙루 없이 기약한 밤 다 모이어 새남터에 배게 서서 서흥 읍내까지 빽빽하구나" 하는 광경을 연출하여 장승들의 결사대회를 열게 되었다는 것이다.

장승의 민중문화

「변강쇠가」가 묘파하고 있는 것을 믿는다면 '노강 선창목 대방장승'을 두령으로 하고, 사근내(용인) 공원, 지지대 유사, 진관천 공원 등을 참모로 하여 전국의 동관 장승은 적어도 삼백이십여 이상이나 된다. 하지만 이는 역참이라거나 봉수에 견주어 가상적으로 꾸민 것이지 실지 전국 장승의 분포와 배치를 검증하여 파악한 숫자는 아닐 것이다. 다만

'노강 선창목 대방장승'만은 실제로 세워져 있었을 것이 확실하며, 오늘의 '대방동'이라는 지명, 그리고 그 대방동 동남쪽 방향에 있는 길목 이름이 '장승백이'인 것이 이와 관련되는 것인지 모를 일이다.

특히 주목을 요하는 것은 장승들의 조직 체계와 그 봉기가 실제적인 상황으로 전개되고 있는 것처럼 박진감 있게 묘사되고 있다는 사실이다. 대방·공원·유사·동관 따위의 직함은 관제의 그것이라기보다는 객주(客主)라든가 보부상(褓負商) 또는 무슨 비밀결사 조직의 명령체계인 것처럼 보이고, 또 그들의 동원령도 권력 체계의 전국회의와 같은 것과는 다른 분위기이다. 지적되어야 할 사실은 봉건국가의 공권력과는 다른 '장승'들의 전국적 조직 체계가 궐기하여 자신들의 의사를 관철하도록 '거사'하고 있다는 점이다. 흡사 1812년의 평안도 민중봉기(홍경래 난), 1860년대의 경상도 농민봉기(진주민란), 나아가서는 1894년의 동학농민전쟁의 상황을 견준 것처럼 보일 지경이다.

물론 이 장승들의 봉기는 변강쇠에 대한 응징에 맞추어져 있어 음란함과 패륜에 대한 처벌을 중요시하는 봉건시대의 논리를 거스르는 것은 아니나, 그 이면에는 부당한 대접과 억압에 자리를 박차 대열을 짓곤 하였던 민중 심리학의 자기해방 의식이 풍자적으로 표현되고 있는 것이었다. 변강쇠와 옹녀의 외설이 억압된 사회의 성에 관한 금기 사항을 깨뜨리는 것이었다면, 변강쇠를 병(病) 도배로 처바르게 하여 온갖 기층 민중들이 등장할 자리를 도리어 제공하고, 나아가서는 각양각색의 민중 축제 마당을 벌이도록 하고 있음은 전국 장승의 봉기와 교묘하게 결부된다. 탁월한, 그리고 특이한 장승 문학이라 할 「변강쇠가」는 마을마다의 장승들에 바쳐진 민중의 염원을 기발난 방식으로 조형해내고 있는(따라서 한국의 문학으로서만 그려질 수 있는) 그러한 '민중문학'이었을 것이었다.

한국사가 중앙집권적인 성격과 지방자치권적인 성격의 두 요소로 이루어져 왔다면, 장승은 후자의

全南 光州市, 媧柱成仙. 원래는 光州市 동문밖에 있었는데, 현재는 全南大學校에 옮겨져 있다.

민중사적 맥을 타고 흘러온 것이다. 장승은 외세와 중앙집권의 강박에 대한 마을 공동체의 대응이며 또한 그 표상이었다. 아울러 중앙집권의 권력체계가 자작일촌(自作一村)의 농촌부락에까지 그 직접적인 영향력을 행사하지 못하는 곳에는 서원·재실 등을 두어 문묘배향과 같은 사대주의적, 유교적 제사를 드리고 향청 따위를 열어 권위주의적, 종속적 질서를 세우고자 하였다면, 농민들은 지방관과 지역 양반 세력의 수취구조에 대한 대응으로 '농자천하지대본'의 농기를 앞세우고, '천하대장군'의 장승을 내세우며, 동제·당제라든가 마당놀이·산대놀이 등을 여기에 결합시켜 한두레의 세계를 펼쳐보였던 것이다. 이 중에서도 장승과 그 부락제는 모두를 교묘히 결합케 하는 '공동체의 상상력'을 이룩했다는 점에서 한국문화의 특성을 보여준 것이 아니었나 한다.

민중의 대리자, 민족의 수호자

한국 장승의 역사는 원시 공동체 사회——고대 노예제 사회로 거슬러 올라가 살펴보아야 할 만큼 장구한 흐름을 갖는다. 우리는 이 점에서도 장승의 민족학이 갖는 민중문화사적 특성을 읽게 된다. 장승은 하대로 내려올수록 그 대접이 하향화돼 온 것이다. 고대의 장승은 샤머니즘의 높은 신격(神格)을 가졌으나 도교·불교·유교·기독교가 들어오는 각 단계마다 그 '고등종교'들의 하위에 놓이게 되는 것이다. 하지만 이러한 장승의 '전락'이 민중으로부터 따돌림을 받 게 되었다든가, 그 처우가 불행해졌다는 것을 의미하지는 않았다. 조선조 후기의 기독교 전래는 약간 예외라 하겠으나, 외래 종교는 대체로 보아 먼저 지배층에게 받아들여져 통치 이데올로기를 이루면서 민중 억압 내지 교화의 방편으로 되고, 그 다음 단계에 가서야 민중에게 받아들여져, 이번에는 거꾸로 그 종교성에 민중적 성격을 부여하여 지배문화에 대한 대응력을 갖게 한다. 그것이 가능할 수 있었음은 한국 고유의 민중신앙이 그 민족문화의 자립성으로서 밑받침을 해주고 있었기 때문이었다. 도교는 이 땅에 들어와 풍류사상에 결합되었고, 불교는 미륵신앙으로 민중사상의 맥이 되어 토착화하였고, 유교는 지배문화의 주리론적(主理論的) 사상체계와는 달리, 기철학(氣哲學)의 변혁 논리를 통한 사회개혁의 민중사상에 합류되었던 바 있었다. 그리하여 조선조 말기에 이르러 봉건논리를 타파하여 새롭게 근대 민족주의 국가를 세워야 할 당위 앞에 서게 되었을 때, 한국 민중사상의 맥류는 뜨겁게 되살아나기 시작했던 것이다. 「변강쇠가」에서 보듯 장승의 새로운 성대(盛代)가 마련될 수 있었다.

'인간적이면서 동시에 신적(神的)인' 성격이 한국의 인문주의를 타고 흘러온 토착신앙의 강한 특성이지만, 장승의 경우에는 특히 그것이 '민족적'인 것이면서 동시에 '민중적'인 것이었다. 산신 할아버지의 위엄도, 부처님의 후광도, 유교적 성현의 권위도 장승은 갖지는 않는(못하는) 것이지만, 그는 '대장군'이며 '여장군'이다.(周將軍·堂將軍의 의미도 되새겨 보아야 한다.) 지배층 이데올로기의 난해함이나 고등종교의 세련성을 못 가질수록 장승은 더욱 민중 공동체의 친밀감을 획득해내어 억압적이거나 권위적인 요소를 덜어내게 될 뿐 아니라, 도리어 그러한 것에 적극적으로 맞서는 민중적인 힘의 응집체로 결속되는 것이다. 그는 민족·국토의 수호신이면서 동시에 민중의 '장군'이기는 하지만, 반면에 장승과 관련되는 속담들은 '상사람들'이 얼마나 흉허물 없이 장승과 어울리려고 있는지 보여준다.

'뻣뻣하게 서 있기는 꼭 장승이로구나'(고분고분하지 않거나 무뚝뚝한 사람을 가리킬 때 하는 말), '개가 장승 무서운 줄을 알면 오줌 눌까' '날 일에는 장승이고 도급 일에는 귀신이다' '까불면 장승백이로 끌고 가겠다'

이러한 속담들은 장승이 사람들의 흉허물 없는 사랑을 그렇게 받아왔음을 말해 주는 것이나, 그와는 달리 장승이 세워져 있는 마을 사람들의 공경과 정성은 대단히 엄숙하고 경건한 것이었다.

장승과 마을굿

현재 한반도에서 김개똥·박바우 따위 민초들과 함께 살고 있는 장승들 중 가장 나이 많은 것은 양산 통도사(通度寺) 초입에 세워져 있는 두 개의 국장생(國長生)으로, 고려 초기에 만들어진 것으로 추정되는데 일종의 석표(石標)이다. 사람의 모습을 하고 있는 것으로는 김시습(金時習)의 『금오신화(金鰲新話)』(고려말 왜구 침입 시대가 배경) 소설 무대가 되는 남원 만복사(萬福寺) 터의 석장승이 있으며, 또 이순신이 수군절도사로 있었을 임진왜란 무렵에 세웠던 것으로 생각되는 여천시의 거북선 선소(船所) 자리에 여덟 개의 돌벅수가 있다.

한반도에 과연 장승의 가족들은 몇이나 될까. 1967~68년에 장주근(張籌根)이 조사한 바에 따르면(북한지방 제외), 육천여 개 마을에서 동제를 지내 왔었음이 확인되는 가운데 장승신앙 잔존 지역은 96

개소에 이르는 것으로 밝혀졌다. 여기에 기존 자료와 선구적 학자들의 조사기록에 나오는 곳 91개소를 보탠다면 187개소의 장승 유적지 및 보존지역 분포를 살피게 된다 한다.(李鍾哲「장승의 현지 유형에 관한 試考」)

그러나 장승의 전국 상황을 정확하게 파악하기란 불가능에 가까운 일이다. 가령 대청댐으로 인해 영영 사라져버리고 만 충북 청원군 문의면 문덕리, 후덕리 일대의 장승들의 경우에서 보듯 급속한 문화 파괴가 자행되고 있으며, 목장승의 경우 매년 또는 2~3년마다 새로 만들어 세우게 되지만, 문화변동이 심해 그 전통이 단절되어 버리는 마을들이 나오기 때문이다. 그런가 하면 동제를 치르지도 아니하는 무원칙, 무질서한 시멘트 재료의 장승 따위들은 아무리 양산된다 하더라도 그것을 인정해 줄 도리가 없다. 거기에다가 입석(立石, 男根石, 女根石 포함)·불상(미륵상포함)·문관석·무관석·동자석인지 장승인지 엄격하게 구분짓기 난처한 것들도 있다. 제대로 된 민중 이력서를 갖는 장승들, 그러니까 '족보'와 격식을 갖추었으며 또 마을굿을 받아 먹는 장승들은 급격하게 줄어가고 있는 중이다. 하지만 그러한 숫자가 문제 아니라 끈질긴 생명력으로 이 땅의 눈·비·바람·이슬·서리를 견디어 이겨 온 장승의 그 민중문화의 위대함이야말로 중요하다. 이제 필자가 답사하였던 지역의 장승들 중에서도 대단히 탁발한 것을 중심으로 해서 살펴본다.

경기도 광주 일대의 장승 마을들

광주군 중부면 하번천리 양지마을, 초월면 서하리·무갑리, 퇴촌면 우산리·관음리, 중부면 엄미리에 목장승들이 세워져 있고 또 날짜를 받아 그에 대한 장승제도 어김없이 지내고 있다. 중부면 하번천리와 엄미리의 목장승은 '천하대장군·지하여장군'이라 씌어져 있는 외에 '서울 팔십리, 광주 십리, 이천 육십리', '서울, 수원, 이천 칠십리'라고 적어 놓은 이정표도 보인다. 장승제는 대체로 음력 이월 초순에

忠南 天安. 장승

길일을 택해 드리며, 미리 내정되어진 제관은 바깥 출입을 삼가며 더러운 것을 피한다. 장승은 동제 드리기 하루 전날 동네 산에서 해 온 나무(대개 오리나무)를 가지고 동네사람들 모두 모여 깎아서 만드는데, 대대로 전해져 온 각 마을마다의 장승의 특성이 있어 그것을 엄격히 지킨다. 장승에 못은 일체 쓰지 않으며, 초월면 무갑리 장승의 경우 얼굴에 빨간색을 칠한다.(장승제는 매년 또는 이년에 한 번씩 드리는 곳도 있다)

장승은 1~2미터의 높이이며, 남장승은 머리에 관을 쓰고 있는 모습인데 수평으로 두 개의 막대기를 꽂아 균형을 유지하고 있다. 큰 귀가 걸려 있고 얼굴은 눈·코·입으로 삼등분되어 있는데, 입과 턱이 사면(斜面)으로 깎이어 상사형을 보인다. 목장승은 한 개만 서 있는 것이 아니라 그전의 동제에 만들었던 것들 중에서 덜 썩은 것들과 나란히 서 있는 곳이 많은데, 숫자는 세 개에서 다섯 개이다. 여장승

은 남장승과 길을 사이로 하여 나란히 세워지거나 밭두둑에 놓이는데, 머리가 궁형이며 특히 눈꼬리가 추켜져 올라간 반달눈이다.

광주군 일대의 장승들은 모두 진대와 함께 세워져 있는 것이 다른 지방과 특히 다른 점인데, 길다란 나무 위에 기러기(일부 주민들은 오리라고도 설명하지만)를 나무로 제법 정교하게 깎아서 달아 놓았으며, 장승제 지낼 적에 걸쳐 놓게 했던 것으로 보이는 광목 천을 계속 매달고 있는 곳도 있다. 초월면 서하리와 무감리의 장승은 산쪽으로 당산이 있어서 당제와 거리제를 함께 지내고, 또 한창 때에는 무당을 초청해 와서 큰 굿을 벌였다는바, 이 지방 말로는 '고창'이라 불렀다 한다.

지금은 중부고속도로 주변의 보잘것없는 황토길의 농로로 전락하고 말았지만 옛날에는 삼남대로의 아주 중요한 길목이었으며, 또 삼십 리쯤 떨어진 남종면 분원리에 남한강 포구가 있어 뱃길 왕래의 요처를 이루기도 했었다고 초월면 서하리 주민은 말한다. 중부면 엄미리의 주민들은 당국의 요구에 따라 이 마을의 것과 같은 장승을 서울 올림픽촌에도 세웠던 바 있는데, 하나의 '아이디어'일 수는 있겠으나 연고도 없고 장승제의 민중 축제도 없는 그것이 과연 '장승문화'의 창조적 계승이 될 수 있는지는 모를 노릇이다.

충남 일대의 장승 마을들

부여 은산(별신굿), 당진 송악, 천원 목천, 공주 유곡 그리고 청양군 정산면 송학리 상송마을 등에 장승이 있는데, 송학리 장승제에는 필자도 동참해 본 바 있다(1988). 음력 정월 대보름 새벽에 드리는 이 동제를 위해 그 전날(14일) 준비를 해놓는데, '동남방 청적제(靑赤帝) 축귀대장군'과 '서북방 백흑제 축귀대장군'을 깎는 데 쓰이는 나무는 동네에서 서로 마주 보이는 산으로부터 각기 따로 해오며, 또 황토를 퍼와서 제주의 집대문과 장승 앞길에 뿌리는데 이 또한 묘도 없고 애장터도 없는 산에서 실어나른 것이다. 또 생솔가지를 새끼줄에 매달아 금줄을 쳐놓아 잡인을 금하게 하는데(실은 외래객인 필자가 그런 '잡인'이었겠으나), 이 새끼는 이날 새벽 동네 사람들의 행사를 위해 새로 꼰 것이다. 장승을 만드는 데에는 두 시간 가량 걸리며 간단한 제례를 드린 다음 먼저 세워 놓았던 것들 중에서 가장 오래 된 것을 뽑아내어 뒤쪽 언덕 위의 구덩이에 안치시킨 다음 새로 만든 것을 올려 세운다. 이 마을은 이제 16호밖에는 살지 아니하는 곳이 되어 버렸지만 한창 때에는 14일부터 축제판을 벌이고(아래 동네인 하송마을에서는 洞火祭를 지내는바 불의 축제이다), 윷놀이 등으로 밤을 새운다 한다. 그리하여 아직 어둠이 가시지 않은 15일 새벽 가장 큰 농기인 영기(令旗)를 앞세워 마을사람들은 농악을 울려대며 동구 밖으로 행렬을 지어 내려간다. 농기를 꽂아 놓는 자리는 미리 마련되어 있는데, 이렇게 농기와 함께 제사를 드리면 마을 안으로 액이 안 들어 온다는 것이니 무시할 수 없다.(인근 부락인 공주군 탄천면 송학리에도 장승제가 있는데, 일종의 農旗祭다) 시루떡에 생쌀을 넣은 밥그릇을 앞줄에 받치어 돼지머리·탕·북어에 대추·밤·배·사과(원래는 이 과일을 올려놓지 않았으나)를 홍동백서로 진설하여 젯상을 차린다. 고축을 하고 삼 배를 하여 제사가 이루어지면 소지를 올리는데 그것이 세 개이다. 장승 소지, 대동 소지, 서낭 소지인바 각기 장승·농기·서낭당에게 바쳐지는 것이다. 이로부터는 제사 참예가 금지되는 부인들까지 집안 단위로 젯상 앞으로 나와 각기 제 가정에 축복을 내려주기를 비는 고두재배에 소지가 뒤따르니 온 마을에 빠지는 집이 없다.

이 마을의 장승에는 전해 오는 이야기가 있다. "저 옛날 임진왜란 때라고 하는데 소서행장이라는 왜놈 장수가 군사를 이끌고 이 동구 밖을 행군했다는 게여. 소서행장이란 자가 '이 마을 쳐들어가라' 명령을 내렸는데 '축귀대장군'이 양켠에 서 있는 거라. 그래놓으니 군사들이 은근히 켕겼는 거라. '그냥

지나가자' 하고 이구동성으로 말하니 소서행장도 뺑
소니를 놓게 되었다누만."

이 마을 노인이 들려주는 이야기이다. 또 이 마을
에서 북쪽으로 넘어가자면 재를 만나는데 '삼십령
고개'라 부른다 한다. 그다지 높지는 않으나 호랑이
와 도둑이 끓어 서른 명쯤의 길동무들이 모여야 그
고개를 넘을 수 있다 해서 붙여진 이름이라는 것이
다. 전북 장수에서 경남 함양으로 넘어가는 '육십령
고개'가 유명하지만, 그와 흡사한 전설이 이렇게 전
해져옴은 장승의 마을의 수문장 역할, 나아가서는
이정표의 구실까지를 살펴보게 하는 대목일 것이다.

지리산 일대의 장승 마을들

남원 만복사 터의 돌벅수(석장승)는 고려 무인의
모습을 하고 있는 걸작품이며, 남원군 운봉면 서천
리 석장승(중요민속자료 20호) 남원군 산내면 입석
리 실상사 석장승(15호), 함양군 마천면 벽송사 목
장승을 비롯한 여러 장승들이 방치되어 있는데, 주
민들의 말에 의하면 옛날에 그토록 많던 것들이 거
의 사라져 버리고 만 셈이라 한다.

벽송사 목장승은 그 풍부한 표정으로 한국 장승
의 민중 미학을 대표하는 것 중의 하나로 꼽히는데
(문학적 표현을 쓰자면 '청승이란 청승은 다 끌어다
모아놓은 것 같은 모습'이다), 빨치산 시절에 여장
승은 불에 타 버려 아래 부분만 남아 있고 남장승
또한 심하게 부패돼 가고 있다. 보존 보호책이 시급
하다. 이 목장승을 비롯한 석장승들은 마을제를 받지
못한 채 버림을 받고 있다. 「변강쇠가」가 벽송사 일
대를 그 소설 무대로 삼아 전개되고 있었음을 살핀
다면, 이곳의 장승들이야말로 동티를 만나고 있는
셈이다.

'서천리 장승'은 험악한 표정을 짓고 있는 악상
(惡像)의 대표적인 예에 속할 것이다. '동방축귀장
군·서방축귀장군' 중 상투를 삐딱하게 틀어올린 남
장승의 모습이 특히 사납기 이를 데 없다. 옹골찬
민중 삶―동래 야유탈 중에서도 가장 무서운 모습

을 하고 있는 '말뚝이탈'과 함께 한국 민중예술의
대표작이 아닐까 생각해 본다

지리산과 면해 있는 서부 경남쪽에도 많은 장승
마을이 있거니와, 충무시 문화동 석장승(중요민속자
료 7호)은 돌벅수이며, 통영군 산양면 삼덕리 석장
승(9호), 사천군 축동면 가산리 석장승(경남 민속자
료 3호) 등이 꼽힌다. 이중 가산리 석장승은 여덟
개가 세워져 있는데, 남해안 고속도로가 마을 한가
운데를 분질러 버려서 장승들이 분단, 이산가족을
이루고 있는 실정이다. 원래 이곳은 해창(海倉)이
있었던 곳으로 해창장승으로 세워진 것이었다. 제사
는 음력 그믐날에 산 위로 올라가 먼저 당산제를 올
리고 메구(풍악)를 울리면서 걸립을 다녀 집집마다
우물마다 돌면서 한바탕 축제를 벌인 다음, 이윽고
밤 열두시를 넘겨 정월 초하루가 열리는 새벽 한시
경 장승제를 올린다.

이 마을에는 또 오광대놀이가 이어져 오고 있는
데, 전수회관이 세워져 있다. 마을 환경은 터무니
없이 변했어도 주민들의 문화적 자부심과 긍지가
대단함을 살필 수 있다. 그런데 얼마전 이 마을의
장승을 훔쳐 가버린 도시의 약탈자가 있어, 주민들
이 격분했던 사태가 발생했다는 것이다. 주민들이
이를 되찾아내기 위해 애쓴 결과 다행히 되돌려 받
을 수 있었다 한다. 하지만 그 뒤로는 낯선 자의 얼
굴이 보이기만 하면 이 동네에서 사라질 때까지 감
시를 게을리하지 않는다는 것이니 사람들의 '내 마
을 장승 지키기'에 감복해서라도 이곳 장승은 '내
마을, 내 사람 지키기'의 축복을 내릴 것에 틀림없다.

전라도 서남해안 지방의 장승

지금에 이르도록 장승이 가장 성황을 이루고 있
는 고장이다. 중요한 것을 나열해 보아도 부안읍 동
중리 석장승(19호), 고창읍 오거리 당산, 나주군 다
도면 운흥사(雲興寺)의 석장승(12호), 다도면 마산
리 불회사(佛會寺) 석장승, 영암 금정산 쌍계사 터
석장승, 장흥 관산 석장승을 비롯 승주·여천·보성·

慶南 泗川郡 椑洞面 駕山里, 장승

영광 및 다도해 지방에 무수히 산재해 있다. 여기에서는 '고창 오거리 당산'과 신안군 사옥도(沙玉島)의 '할아버지·할머니당'을 중심으로 살펴본다.

먼저 고창 오거리 당산에 대해서는 최남선이 1925년에 「심춘순례」라는 기행문을 통해 써놓은 바가 있는데, 일부를 인용하면 이런 내용이다.

"읍내를 들어서려고 하는데 노목 수십에 싸인 돌담 안에 높다란 석주가 서 있음을 보고, 오래 떠났던 자모(慈母)에게 달려드는 것처럼 무의식중에 그리로 뛰어갔다. 하부는 모지고 위로 차차 빠아 올라간 너덧길 되는 반(半) 자연 석주요, 위에는 탑 처마처럼 가공한 꼭지 있는 석개를 덮었는데, 으례 검줄(금줄)을 둘렀고 앞에 황토까지 폈으며, 그 두 짝 귀에 풍경을 달아서 뎅그렁거리는 소리가 나는 족족 사람의 마음을 성성(惺惺)케 한다."

오거리당은 1925년에 비해 주변환경이 열악해져 있다. 도심지대로 되어 고목도 없고 돌담도 풍경도 사라져버렸다. 오거리당이라 함은 중앙의 당산과 함께 동서남북에 각기 하나씩 도합 다섯 개의 당이 있

어 그런 이름을 얻었거니와, 현재에는 중거리 할아버지당, 고창읍성 쪽으로 가는 골목길의 할머니당과 그리고 중앙동 하거리당의 세 개만 남아 있다. 중거리 할아버지당은 높이 3.28미터, 둘레 1.6미터이다. 장승임엔 틀림없지만 동시에 진대 또는 솟대의 기능을 겸하고 있는 것으로 고찰한다.

음력 대보름에 당제를 드리는데, 먼저 줄다리기부터 한다. 각각 50미터 정도의 동아줄을 남자쪽과 여자쪽으로 편을 갈라 서로 동여맨 다음 잡아당기기를 하는데, 항상 여자편이 이기도록 되어 있다. 줄다리기가 끝나면 그 줄을 가지고 중거리당 있는 곳으로 가서 할아버지당의 밑둥치에 또아리 틀어 감고, 문화원장이 제관이 되어 제사를 드린다. 농악을 놀아 시내 걸궁을 하며 거리 축제를 한판 벌이지만 해가 갈수록 시민들의 참여도가 낮아져가는 실정이라 한다. 다시 최남선의 글.

"석신(石身)에는 '진서화표(鎭西華表)…'의 각문이 새겨져 있고, '고창읍내 수구(水口) 입석비'란 것이 있으나 도무지 고의(古意)가 훼실된 뒤의 망령된 추측, 억설임은 두말할 것 없다… 일부러 기다리고 있다가 '이것이 무엇이오?' 물었다. '그것은 짐대라 하여 당산에 으례 세우는 것이라오' 한다… 물론 종잡을 수 없는 말이다."

최남선은 이것이 옛 마한 시대의 한 국도(國都)에 해당되던 곳에 세워진 '선돌'일 것이라 보았으며 제천단의 구실을 하던 성소일 것이라 분석했다. 최남선의 이런 진술을 오늘에 살펴보면, 첫째 그가 관찰하였던 '진서화표'가 쓰여진 당산은 '서거리당'으로 지금에는 없어져 버렸다는 사실이다. 현존하는 중거리 할아버지당에는 '진남화표'라는 각문이 새겨져 있다. 진서니 진남이니 하는 것은 서쪽·남쪽 지방과 그 사람들을 다스린다는 것이니 '축귀'를 내세우는 '오방신장'으로서의 장승의 본래 성격에는 도무지 어긋나는 관(官) 문화의 내용이다. 엉뚱한 지방관이 엉뚱한 의도로 새겨 넣었을 것에 틀림없으니 최남선이 '망령된 추측, 억설'이라 하였음은 당연

하다. 하지만 그가 '고창읍내 수구입석비'라거나 '짐대'라는 것마저 전혀 이해하지 못하였음은 오늘에 와서 따져볼 때 이상한 일이다. 물막이·수구막이 그리고 진대의 군집신앙(群集信仰)의 역할을 갖는 장승에 관한 인식, 즉 민중문화에 대한 이해가 결여되어 있었던 것이 아니었나 한다.(고창 오거리 당산은 줄다리기가 장관인 부안의 동제와 대비되어 흥미로운 연구 대상이다.)

전남 해안지방과 섬지방에는 특히 결속력 있는 주민들의 마을 수호신이 강렬한 표정을 띠고 있다. 연육화(連陸化)한 신안군(新安郡) 지도(智島)에서 배 타고 이십여 분 걸리는 곳에 위치한 사옥도는 김 양식에 염전만 약간 있을 뿐 어업은 거의 없는 주곡 생산 위주의 농촌지대이다. 내동·탄동·당촌의 세 마을 중 당촌에 할아버지·할머니당이 있다. 1.9미터, 2.1미터의 석장승이라 하겠는데, 대략 삼백년쯤 전에 세워진 것이라 할 뿐 구체적인 내력을 아는 이도 없었다. 당산제는 음력 정월 초하루에서 대보름 사이에 적당한 날을 받아 지내며, 마을사람들이 모두 참여한다. 할아버지당보다 할머니당이 더 위함을 받는 듯, 마을 쪽에 가까이 붙어 있고 크기도 더 크며, 조금 미련스럽게 보이는 할아버지당에 비해 표정도 더 좋다. 내리 감은 눈, 나부죽한 코, 약간 튀어나온 입술을 가지고 있는 인자하면서도 기품있는 표정이다.

전남 여천군 삼산면 거문도는 인구 9백여명이 사는 절해고도인 셈인데, '고두리영감 당제'가 음력 4월 15일 풍어제의 일종으로 거행된다. '고두리영감'은 옛날 이 지역의 가난한 어민을 위해 남해 용왕이 아들을 돌로 변케 하여 보냈다고 하는바, '고두리'는 고등어라는 뜻이다. 면소재지 고도(古島) 바로 앞에 놓인 아주 작은 동산과 흡사한 안노루 섬 꼭대기에 바위가 툭 튀어나왔는데, 사람 두상 같기도 하고 두꺼비 쭈그려앉은 모습 같기도 하다. 오색 뱃기를 앞세우고 거기에 '거문고 뱃노래'를 힘차게 부르면서 한복에 관을 쓴 사람들이 드리는 당제가

全北 高敞邑 五巨里, 당산

장관을 이루고 있다.(제주도의 돌하루방은 중요한 석장승의 한 유형으로서 반드시 논의해야 하나 이는 다른 기회를 얻고자 한다.)

전통시대의 공동체 문화의 유산인 한국 장승——우리 시대 민중문화 운동의 열기 속에서 어떻게 우리가 이를 재발견하여 되살려내야 하느냐 하는 과제를 지니고 있을 것이다. 이 작업은 전공 학자의 연구뿐만 아니라, 특히 문화 예술인의 정신문화적 노력을 필요로 하고 있을 것이다. 이를 위해서는 장승마을의 그 공동체적 삶에의 동참과 정신적 통일체 운동이 있어야 할 것이다.

민중축제를 되살리자! 마을공동체 한두레 문화를 민족통일체의 한울타리 축제로 일으켜 세워 나가자!

生命의 힘, 破格의 美
美術史의 시각에서 본 장승

俞弘濬 미술평론가
李泰浩 전남대교수

장승의 형태가 보여준 파격은 우리나라
미술사상 어느 분야보다도 대담하고
다양하다. 9세기 이래의 불상이 보여준
그것과 비견할 만한 것인데, 발상의
기발함이나 형태의 다양성에서는 장승을
따라잡기 힘들 것이다. 장승은 애초부터
어디에 구속받을 제약이 없었다. 민속
가운데 전승되어온 수호신상이면 족할
정도였다. 도깨비·사천왕·금장군·갑장군
아니면 할머니·할아버지나 청년상으로까지
변화, 발전시킨 것이 장승의 형식이었다.

1. 미술사에서 제외된 장승

장승에 대한 이제까지의 연구 경향은 크게 세 가지 유형으로 나누어 볼 수 있다. 첫째는 민속학적 고찰로 손진태(孫晋泰)의 「장승고〔長性考〕」 이래의 경향이며, 둘째는 이종철(李鍾哲)이 「장승의 기원과 변천 시고」에서 보여준바, 민속학적 고찰에 인류학·고고학의 방식을 도입한 연구경향이고, 세번째는 민중생활사(民衆生活史) 내지는 민중사적 시각에서 접근하는 최근의 경향으로, 이는 '민족굿회' 등 젊은 연구가들에 의해 활발하게 추진되고 있다.

이와같은 다각도의 연구로 장승에 대한 총체적 인식이 어느 정도는 가능해지고 있다. 장승의 발생 기원과 분포는 물론이고, 장승을 둘러싼 생활주변에 대한 연구, 이를테면 장승제의 성격과 마을 공동체 의식 및 두레의 기능, 나아가서 민중들의 대동(大同) 의식과 사상까지 추출해내는 근거가 되고 있다.

그러나 장승에 대한 미술사적 고찰은 이상할이만큼 드물어 거의 전무에 가깝다. 이제까지 어느 미술사가가 장승을 한국미술사의 사료로 선택한 예가 없을 뿐만 아니라, 장승이 보여주고 있는 형태의 특징과 그것이 지향하는 바의 미적 가치에 대한 고찰이나 양식의 변천 등이 시도된 바도 없다. 다만 민족문화 유산에 깊은 애정을 갖고 있는 타분야의 문사(文士)들이 쓴 수필 속에서 오히려 그 초보적인 시론을 볼 수 있었을 뿐이다.

2. 美的 도전의 의미

어느 시대, 어느 민족의 미술사를 보든 지배층의 정제된 미적 규범은 새로운 미적 가치의 도전을 받아 무너지고, 그 과정에서 이루어지는 미적 질서의 새로운 개편을 통해 우리는 보다 넓은 미적 경험과 함께 그 범주를 확인해 간다. 어쩌면 그것의 연속이 곧 미술사가 된다.

이 도전의 시기에 등장하는 미술은 언제나 기존 미술이 지향하는 중요한 미적 규범을 깨뜨리면서 나온다. 그것을 후대의 미술사가들은 파격(破格)으로 분류하기도 하는데, 그 파격의 첫번째 성격은 도전성에 있는 것이다. 그동안 한국미술사의 보수성은 이러한 미적 도전의 가치를 좀처럼 인정하지 않았다. 이를테면 9세기 이후, 즉 하대(下代) 신라에서 후삼국시대, 고려시대로 이어지는 불상의 파격미를 저급한 기술, 미숙한 형식으로 설명해 온 것이 그 대표적인 예가 될 것이다.

8세기 중엽, 석굴암(石窟庵)으로 대표되는 통일신라 불상의 형식적 완벽성은 곧 중앙귀족의 이상미(理想美)를 대변하는 것이었다. 석굴암 불상의 근엄한 자세와 원만한 인상은 인간(귀족)과 부처의 절묘한 합일을 보여주는 조화적 이상미의 극치인 것이다. 그것은 경주를 중심으로 한 당시 중앙귀족들이 지녔을 현실에 대한 긍정과 자신들의 신분적 존엄성의 정당화이며, 안정희구의 염원이고, 공고히 다져 가는 제도적 장치의 일환이라는 속뜻을 지니고 있는 것이다.

이에 반해, 9세기 하대 신라로 들어가면 새롭게 대두한 지방 호족(豪族)들이 세운 사찰이 등장하고, 여기에는 호족들의 도전적이고 현실적이고 개성적인 성격을 담은 불상들이 등장하게 된다. 장흥(長興) 보림사(寶林寺) 비로자나불(毘盧遮那佛, 858년 제작), 철원(鐵原) 도피안사(逃避岸寺)의 비로자나불상(865년 제작)이 그 대표적인 예다. 이제 부처님의 모습이란 알지 못할 미지의 세계에서 도래한 신성한 존재라기보다 현세 속에 얼마든지 있을 수 있는 현실미(現實美)가 강조되고, 어떤 보편적 질서를 대변하는 이상적인 관념미(觀念美)를 떠나 개성미(個性美)로 대치된다. 중앙귀족은 인간의 신분이란 제도적 장치 속에서 부여받은 기득권이라 생각해 왔으나, 지방호족은 자신의 역량으로 일으킨 부(富)와 힘에서 나온 것이라는 속뜻을 지니게 된다. 바로 이 사상적·정치적 대립 상황이 8세기와 9세기 불상의 현저한 차이를 낳은 것이다. 이러한 개성적이고 도전적이며 현세적 느낌의 불상은 후삼국시대, 고려시대 지방에서 조성된 불상들의 공통적 모습이 된다. 곧 그것은 8세기의 지배층이 보여준 정제된 이데올로기의 세련된 형식미와는 다른 미적 목표를 갖고 있는 것이다. 그러나 보수적인 미술사가들은 좀처럼 9세기 이래 파격적인 불상의 미적 가치를 인정하지 않고 있다. 마치 19세기의 일부 서양 미술사가들이 그리스 고전미술, 르네상스, 18세기말의 신고전주의에 이르는 조화적 이상미에 얽매여, 매너리즘, 바로크, 낭만주의의 도전성과 파격의 새로운 미적 가치를 인정하지 않은 것과 마찬가지 태도이다.

9세기 이래 불상이 보여준 도전적 형상과 미적 규범의 파괴는 조선후기 장승의 미적 형식과 많은 공통점을 지닌다. 그러나 장승은 여기에서 더 나아가 피지배층이 생활 속에서 분유(分有) 하고 공유해 온 원시공동체적 정서와 이상을 표출하고 있다는 점에서 다르다. 즉, 전자는 기존 지배세력에 도전하는 새로운 지배층의 이데올로기를 반영하고 있음에 반해, 후자에서는 어떤 형태의 지배 이데올로기가 나타나지 않는 점이다.

피지배층이 이처럼 지배층과 다른 독자적인 문화를 갖게 된 것은 자신들의 인간적 존재에 대한 자각이 있을 때에 비로소 가능하다. 이른바 서민의식·민중의식의 대두 없이 서민·민중 예술이 나타날 수는 없는 법이다.

3. 장승 형태의 변이과정

오늘날 우리가 볼 수 있는 장승의 형태는 대부분 17세기 이후의 것으로, 실제로 19세기에 와서 그 유포가 확대되어 독특한 장승문화를 이루었다. 그러나 장승은 본래 우리 민족의 생활 속에 뿌리깊게 자리해 온 민속의 하나이다. 모든 민속은 전승성, 변화성, 시대성, 지방성을 특징으로 하며, 어떤 경우에는 계급성을 띤 사상·감정의 색채를 드러내는 법이다. 오늘날 전해지는 장승의 기본형태는 이천여 년의 역사 속에서 전승되면서 변화에 변화를 거듭해 온

민속 유산이므로, 따라서 현재의 장승 모습이 지닌 특징과 미적 형식을 규명하기 위해서는 그 전승과 변이 과정을 반드시 거슬러 올라가지 않으면 안 된다. 장승은 경계표시나 이정표, 수호신으로 세워졌으며, 그 기원은 솟대, 선돌, 돌무더기, 신목(神木), 신당(神堂) 등과 함께 유목·농경문화의 소산으로 신석기·청동기 시대의 원시신앙적 조형물에서 찾는 것이 보통이다. 미술사적 유물 중에서 대전 괴정동(槐亭洞)에서 출토된 농경문(農耕文) 청동기에 새겨진 솟대 그림이 그 제의적(祭儀的) 성격과 함께 구체적으로 이 사실을 알려 준다. 또 이것은 통구스족의 샤머니즘을 배경으로 한 북방문화와 직결되는 것으로 밝혀지고 있다.

이런 장승의 원시신앙 형태는 고대 부족국가 또는 부족연맹 시대에 지배신앙이나 이념으로 정착됐을 것이다. 이것이 민속의 일반 법칙대로 전승·변화되면서 오늘에 이르게 된다. 삼국시대에 들어오면서 왕권을 중심으로 한 중앙집권적 국가들은 그 국가의 기틀을 마련함에 보다 논리화되고 발달된 체계를 갖춘 이데올로기를 필요로 했고, 그것은 불교·유교·도교 등이 그 자리를 차지하며 체제이념에 혼합되다가 결국 불교로서 습합되어 뿌리깊게 자리

한다. 그런 과정 속에서도 장승신앙이라는 뿌리깊은 민속은 전승되어, 백제 미륵사의 석탑 주변 네 모서리에는 석인상(石人像)의 수호신상으로 세워졌다.

통일신라와 고려시대 때 장승은 사찰의 권위를 말해 주는 표시로 변화했다. 그것은 사찰의 경계표시나 호법신(護法神)으로 등장하는데, 장흥 보림사의 보조선사비문(普照禪師碑文)에 '장생표주(長生標柱)'(884년)의 명문(銘文)과, 양산 통도사(通度寺)의 국장생(國長生)이라 표기된 판석형 선돌(1085년)과, 고려시대에 영암 도갑사(道甲寺)에 세워진 황장생(皇長生), 국장생(國長生)의 선돌 등을 통해 알 수 있다. 이처럼 장승의 민속은 외래종교를 이데올로기로 받아들인 지배층 문화 속에 빨려 들어갔다. 바로 이 사실은 민중의 삶과 정서 속에 차지하는 그 비중이 작지 않았음을 반증해 주는 것이기도 하다. 왜냐하면 불교라는 외래신앙이 이 땅에 토착화하기 위해서는 전래의 민속신앙과 적절한 타협을 하지 않을 수 없으므로 불교와 아무런 인연이 없는 장승이 사찰에 등장하게 된 것이다. 만약 민간 속에 장승신앙이 뿌리깊지 않다면, 불교는 교리상에 아무런 족보를 갖지 않은 장승을 결코 끌어들이지 않았으리라.

유교를 통치이념으로 삼은 조선시대에 들어오면 수호신상으로서 장승문화는 세화(歲畫)의 하나인 문배(門排)그림으로 변이되어 나타난다. 설날 대궐과 관아(官衙)의 대문에는 금갑장군상(金甲將軍像)을 문배그림으로 붙이던 풍습이 그것이다. 조선초기의 성현(成俔, 1439-1504), 조선후기의 유득공(柳得恭, 1749-?) 등이 증언한 바의 문배그림의 장군그림을 홍석모(洪錫謨)는 『동국세시기(東國歲時記)』(1849)에서 그 유래를 사천왕상(四天王像) 혹은 도교적 도상인 갈장군(葛將軍)·주장군(周將軍)으로 밝히려 하였지만, 수호신상 자체의 전통은 신석기시대 이래의 장승신앙까지 거슬러 올라가야 옳았을 것이다.

4. 조선후기 장승문화의 배경

이와같이 민간의 신앙형태로 면면히 이어온 장승은 16세기 임진·병자의 양난을 거치면서 새로운 문화 형태로 부상하게 된다. 이 조선후기의 장승은 사찰 장승과 마을 장승이라는 두 가지 방향에서 발전되었다.

본래 조선사회의 지배적인 이데올로기인 유교는 지배계층의 인간적·사회적 덕목에 대해서는 조직적 체계를 갖고 있었지만, 생산력의 향상을 위한 논리나 죽음의 문제에 대하여는 친절성이 없는 것이었다. 두 차례에 걸친 미증유의 전란은 신앙의 차원에서 새로운 요청이 일어났고, 엄격한 신분질서는 난리통에 허물어지기 시작했으며, 전후의 복구사업은 생산력의 증가와 함께 경제적 부(富)를 갖춘 새로운 세력을 낳게 된다. 이 과정에서 하층민으로 생산에 직접 참여하는 백성(民)의 의식도 향상되면서 이른바 조선후기의 서민, 민중문화는 성장하게 된 것이다. 그 결실은 숙종(肅宗) 연간을 거쳐 18세기 영·정조(英·正祖) 시대에 맞게 되고, 19세기로 들어서면 강력한 전파력으로 전국에 퍼져 나간 것으로 해석된다. 그 설치연대를 정확히 알려 주는 것

이 있는데, 영암(靈巖) 도갑사(道甲寺)의 돌장승(1717년), 나주(羅州) 불회사(佛會寺)와 운흥사(雲興寺)의 돌장승(1719년), 남원(南原) 실상사(實相寺)의 돌장승(1725년) 등이 그것으로, 이들은 모두 18세기초에 세워진 것임을 알 수 있다.

사찰 장승의 유포과정은 병자호란 이후 불교의 대대적인 중흥과 밀접한 관계를 갖는다. 현재 우리나라 중요 사찰들은 임진·병자 양란 이후의 중건(重建)으로 법주사(法住寺)·금산사(金山寺) 같은 대가람이 조성될 정도로 부흥하였다. 신흥 사찰의 건축양식과 불상 및 불화를 보면, 고려 이래로의 전통과 청나라의 새 양식이 들어오고 있다. 그러나 이보다도 더욱 중요한 변화는 민간 신앙을 불교에서 적극 수용했다는 사실이다. 이 점은 불교와는 아무런 인연이 없고 도교적·민간신앙적 성격이 강한 산신각(山神閣), 칠성각(七星閣)을 사찰 한쪽에 배치하는 것으로도 명확히 알 수 있다. 즉 민간신앙의 뿌리가 그만큼 강했다는 것을 반증하는 것인데, 사찰의 장승 또한 그런 문맥에서 파악될 수 있다.

사찰의 장승은 실상사의 경우처럼 불교의 수호신인 금강역사(金剛力士, 仁旺이라고도 함)와 사천왕(四天王)의 이미지를 장승 모양과 결합한 것이 있는가 하면, 불회사·운흥사처럼 마을 장승의 모양을 그대로 옮겨 놓은 예도 있다. 이 또한 마을 장승 신앙의 유포가 얼마나 강했는가를 말해 준다.

마을 장승으로서 가장 오랜 연대를 알려 주는 것은 부안(扶安)의 동문안 당산(堂山)이다. 이 당산에는 돌솟대와 선돌과 함께 한쌍의 돌장승이 새겨 있는데, 선돌에는 1689년에 조성된 명문이 있고, 장승은 상원주장군(上元周將軍)과 하원당장군(下元唐將軍)이라 새겨져 있다. 부안의 당산은 금구·김제 평야의 드넓은 들녘의 농업 생산력을 바탕으로 한 것이다. 현재 남아 있는 장승·솟대의 분포 상태를 보면, 전라·충청·경기 등의 농업 생산력이 발달한 지역과 밀접한 연관을 맺고 있고, 전라·경상·강원·제주의 해안 마을에 분포된 것 역시 생산력과 깊은

관계에서 발전해 간 것임을 알 수 있다. 또한 현재 남아 있는 장승·솟대의 분포상태를 보면 선돌(立石)이나 좆바위(또는 촛대 바위·男根石) 같은 성신앙적 조형물과 함께 발전하였다. 다산과 풍요를 기원하는 '대지의 어머니(大地母)' 상으로서 지하여장군(地下女將軍)이 장승의 한 기본이 된 이유도 여기서 찾게 된다.

장승이 민중의 생활 공동체 속에서 퍼져나갔던 조선후기는 중세적 봉건사회의 개편 과정을 보여준다. 이 사회 경제적 변화는 생산력의 증가와 함께 일어났다는 것이 정설이다. 임진·병자 양란 이후 농사법의 발달, 농기구의 개량, 지주제(地主制) 경영방식, 인구의 증가, 그리고 아직 미약한 것이었지만 상공업의 발달, 화폐의 사용 등이 이 사실을 뒷받침해 준다. 그 과정에서 새로운 사회세력으로 성장한 부민층(富民層)이 18세기 영정조 연간의 새로운 문화예술의 소비계층으로 또 지원자(patron)로 등장하게 되었다. 조선후기에 크게 유포된 민화라는 장식화·탈놀이·민요·농악·판소리 등의 유행도 이런 사회적 배경에서 설명되고 있다. 이러한 새로운 서민·민중 예술 형태는 크게 두 가지 유형으로 나누어진다. 하나는 문화적 향유와 소비 형태로서의 예술이고, 하나는 생산 속에서 이루어지는 노동문화라고 할 수 있다. 전자는 어느 정도 부(富)를 축적한 여유의 산물이고, 후자는 부의 생산과정 속에서 이루어진 공동체 문화의 소산이다. 따라서 전자는 지배층의 제도화된 문화·예술을 흉내내는, 즉 신분적 향상을 과시한다는 상류사회 지향적 냄새를 어느 정도 풍기지만, 그것을 모방할 때는 자연히 지배층 문화의 그것과는 다른 형태로 전환시킨다. 다시 말해, 지배층 문화의 소통방식만 빌어 오고 그 형식과 내용을 완전히 다른 것으로 뒤바꾸어 놓는 것이다. 일종의 장르 파괴 현상이 일어난다. 이를테면 시조(時調)가 사설시조로 변한 것, 화원풍(畵員風)의 화조화(畵鳥畵)가 민화풍(民畵風)으로 변한 것이 그것이다. 반면에 후자는 지배층의 그것과는 완

전히 별개의 차원에서 발생한 것이다. 지배층인 사대부들은 경험할 수 없는 생산과정에 나오는 협업(協業), 예를 들어 두레·품앗이 그리고 풍요·다산·액막이·수호신 등 농업 생산자들이 자연에 대해 갖는 감정과 정서 그리고 그들이 희구하는 정당하고 소박한 신앙의 내용으로 엮어진다. 민요에서 노동요(勞動謠), 그리고 마을 장승의 신앙형태가 바로 그것이다. 특히 이러한 농업생산 문화가 부상하는 것은 향촌 사회의 발전·변화와 깊은 연관을 갖는다. 이른바 요호·부민(饒戶富民)을 중심으로 한 향회(鄕會)가 활성화되고 나아가 마을 공동체의 두레가 형성되면서 장승문화는 더욱 확대될 수 있었던 것으로 해석된다. 이러한 향촌 사회의 변화는 곧 서민의식·민중의식의 성장을 말해 주며, 이것이 정치적으로 나타나는 것이 19세기의 수많은 농민봉기·민중항쟁인 것이다. 이러한 사항들이 장승의 구조와 미적 목표를 이해하는 전제 조건으로 될 때, 우리는 그것의 참된 미적 가치와 미술사적 의의를 찾게 된다.

5. 장승의 유형

조선후기, 즉 18, 19세기에 유행한 장승의 원형은 돌장승에서 찾아볼 수밖에 없다. 나무장승은 보존상의 제약 탓으로 당대의 것이 남아 있기 힘들며, 특히 마을 장승은 몇 년 주기로 새로 교체하는 것이 관례로 되어 있기 때문이다. 이 교체 방식은 앞의 것을 기본으로 하지만 세월이 흐르는 사이에 필연적으로 부분적인 변화가 이루어지고 나중에 개화바람이 불면 본모습을 잃어버리는 일이 허다했다.

그러나 나무장승이건 돌장승이건 장승의 기본형태는 같았다. 그것은 일종의 수호신상(守護神像)인데, 우리의 선사시대부터 이어지는 민속으로서의 수호신상은 여러가지가 있었다. 토속적인 탈이나 도깨비, 불교적인 사천왕(四天王)과 금강역사(金剛力士), 도교적인 문배그림의 금장군(金將軍), 갑장군(甲將

軍), 그리고 능묘에 세워지는 석인상(石人像) 등이다. 조선후기의 민중들이 전래되어 온 수호신상을 그들의 생활정서 속에서 복합적으로 빌어다 자기 양식화하여 놓은 것이 곧 장승이다.

장승의 기본형은 나무나 돌에 사람의 얼굴을 변형하여 수호신상으로 상징적인 표현을 하고 몸체에 이름을 적어 놓는 것이다. 여기서 중요한 것은 얼굴의 표현인데, 보통 툭 불거진 퉁방울눈, 주먹코, 삐져나온 송곳니나 앞니, 그리고 전립형(戰笠形)의 모자나 관모형(官帽形)의 모자가 기본이다. 즉 사람의 모습을 빌어 만들면서 의도적인 왜곡으로 장승의 이미지를 만든 것이다. 그리고 그 왜곡과 과장을 통하여 장승의 제작자들이 추구하는 조형목표는 크게 두 가지 유형으로 분류되는데, 하나는 도깨비나 사천왕 같은 수호신상이고, 하나는 민중의 자화상적 이미지이다. 또 이 두 유형은 직접적으로 표현된 것, 해학적으로 표현된 것, 또는 하나의 전형성을 제시하는 것 등 다양한 모습으로 나타나고 있다. 이것을 각 유형의 대표적인 장승을 예로 하여 살펴보기로 한다.

1. 위엄과 권위의 형상 – 실상사 돌장승

남원 실상사 입구에는 개울을 사이에 두고 두 쌍의 돌장승이 세워져 있었는데, 그 중 하나는 1963년 홍수 때 떠내려갔고, 현재는 세 개만 남아 있다. 이 세 개 중 절쪽 왼편에 있는 대장군(大將軍)의 받침돌에는 '옹정(雍正) 3년 입동(立冬)'이라는 글이 새겨 있어 1725년에 제작된 것임을 알 수 있으며, 모두 2.5미터의 크기로 퉁방울눈에 주먹코를 하고 벙거지형 모자를 쓰고 있는데, 이 지방 사람들은 벅수라고 부른다.

그 중에서 대장군(大將軍)과 주장군(周將軍)은 불교의 사천왕이나 인왕상처럼 초능력의 힘과 위엄을 보여주고, 양미간 사이의 이마에는 부처님상에만 표현하는 백호(白毫) 모습의 유두돌기가 있다. 사찰의 장승이기 때문에 일어난 자연스런 형태의 변화

일 것이다. 특히 이 실상사의 돌장승은 부아린 두 눈동자와 야무지게 다문 입, 그리고 늘씬하게 휜 수염 등 안면 조각에 입체감이 아주 훌륭하게 표현되어 있다. 현재 남아 있는 장승 중에서 석공의 솜씨와 정성이 가장 돋보이는 명품이다.

그러나 실상사의 돌장승에서는 그 권위적 성격——아마도 사찰이라는 권위있는 공공기관의 성격—— 때문에 우리는 여기에서 순수한 민중미술로서의 장승의 멋은 찾기 힘들다. 그것은 불교미술과 민속미술의 만남이라는 차원에서 볼 때 그 형식의 특성이 파악되는 그런 내용인 것이다.

2. 민중의 자화상 – 남원 운봉의 돌장승

민중미술로서 장승의 제멋을 보여주는 것은 아무래도 민중의 자화상을 느끼게 해 주는 마을 장승에서 찾을 수 있을 것이다. 그 대표적인 예를 우리는 전라북도 남원군 운봉면(雲峯面) 서천리(西川里)에 있는 돌장승을 들 수 있다.

운봉은 실상사에서 멀지 않은 곳, 남원읍에서 경상남도 함양가는 길로 가다가 여원치 고개를 넘어 인월(引月) 못미쳐에 있는 지리산 기슭의 마을이다. 지리산 뱀사골을 뒤(東)로 하고 황산벌 분지에 형성된 마을 들녘에 세워진 운봉의 장승은 방어대장군(防禦大將軍), 진서대장군(鎭西大將軍)이라는 이름을 갖고 있다. 그러나 이 이름과는 관계없이 그 얼굴에 실린 표정은 평생 농삿일로 보낸 농민, 온갖 힘든 일과 억울함을 당했으면서도 그것이 인생이려니 생각하고 살아온 진국으로서 민중의 얼굴 바로 그것이다. 세모꼴 벙거지에 둥근 눈망울, 주먹코와 합죽이 모양으로 다문 입의 표현형식은 인근 실상사의 돌장승에서 빌어온 형식이 아닐까 생각되지만, 얻어터질 대로 터진 형상으로 왜곡시킨 그 인상은 욕심없이 살다간 민중의 천진성과 건강함을 느끼기에 충분하다. 거친 화강암의 재료가 갖는 특성이 그대로 살아나 있고 별다른 조형적 수식 없이 새겨 간 점에서 민중미술의 참맛을 느끼게 된다.

全北 南原郡 山內面 立石里 實相寺, 장승

남원지방에는 장승문화가 발달하여 실상사, 운봉뿐만 아니라 야영, 덕실 마을, 벽송사(碧松寺) 등에 퍼져 있고, 운봉 마을에만도 세 쌍의 돌장승이 전해오고 있다. 그런 속에서 이런 민중의 자화상적인 상을 갖게 된 것은 모든 예술현상에서 양적인 팽창 속에 질적인 비상을 이룩할 수 있었던 것으로 해석해 보게끔 한다. 왜냐하면 본래 자화상적인 이미지라는 것은 자신의 존재에 대한 인간적 확인이 없을 때는 만들어지지 않는 법이다. 더우기 장승이라는 기본 형식이 있는 조형물을 이처럼 대담하게 변형시킬 수 있다는 것은, 이것을 세운 민중들의 자의식(自意識)을 다시 한번 생각해 보게 한다.

이처럼 민중의 솔직한 정서가 진솔하게 표현된 또 다른 장승의 예는 여러 곳에서 볼 수 있다. 전남 보성군 득량(得糧)의 상원주장군(上元周將軍)과 하원당장군(下元唐將軍)의 돌장승은 보성만 간척지

들녘의 마을에 세워진 것인데, 심통난 할아버지와 꺼벙한 할머니의 모습을 하고 있다. 전북 정읍군 칠보면 원백암리에 잘 다듬어진 촛바위와 함께 있는 돌장승은 한결 간결한 조각수법으로 평면감이 강한데, 두 눈을 부릅뜨고 굳게 다문 입의 우직한 표정은 조각적으로 볼 때 일품이라고 할 만하다.

3. 전형적인 할머니와 할아버지
─ 부안의 당산과 불회사 장승

장승의 또 다른 이름으로 할머니·할아버지가 있는데, 실제로 이름에 합당하는 모습으로 세워진 장승의 예가 적지 않다.

부안읍내에는 두 쌍의 돌장승이 있다. 부안읍 성문안과 동문에 세워진 것으로, 성문안 것은 선돌(立石)과 돌솟대(石鳥神竿)와 함께 당산(堂山)을 이루고 있다. 몸체에 할아버지는 상원당장군(上元唐將軍), 할머니는 하원주장군(下元周將軍)이라 새겨 있고, 할머니상과 돌솟대에는 제작 연대와 화주(化主)를 밝힌 건립명문이 들어 있다. 명문에 의하면 숙종 15년(1689) 2월에 화주는 □□선대부인(□□善大夫人), 김진창□□□(金辰昌大夫人?), 대원신 장세순(大院臣張世洵) 등으로 되어 있다. 아마도 부안 일대의 토지를 소유했던 부호의 이름일 것이며, 또 석공(石工)으로 생각되는 김은인(金恩仁)과 조갑신(曹甲申)의 이름도 읽을 수 있다.

이 두 쌍의 돌장승은 약 2.2미터 크기의 할머니·할아버지상인데, 마모가 심해 그 원형에 손상이 많이 갔지만, 할머니는 삼각형 돌의 날면을 이용하여 얼굴을 조각, 날렵한 인상임에 반해 할아버지는 넓은 돌을 이용하여 둥근 맛이 나는 듬직한 상이다. 머리에는 포졸들의 벙거지형 모자를 썼지만, 양쪽 볼이 길게 늘어져 인자한 표정을 짓고 있다. 그러나 이 부안의 돌장승들은 불거진 눈을 이중선으로 표현하고 코는 납작하여 할머니·할아버지의 괴이한 모습이라는 인상이 강하다. 아마도 수호신상이 지닌 장승 본래의 형태를 벗어나지 못한 상태에서 할머

니·할아버지의 이미지를 담아내려고 한 조형상의 무리에서 온 어색함이라 할 수 있을 것이다.

이에 반하여 전남 나주군 다도면 불회사(佛會寺) 입구의 돌장승인 할머니·할아버지는 우리나라 돌장승의 백미라고 할 수 있는 독특한 아름다움을 유감없이 보여준다. 이 장승은 비록 사찰 장승이지만 마을 장승을 그대로 옮긴 예에 속한다. 불회사는 전라도의 전형적인 깊은 산골, 산은 높지 않으나 길고 깊게 뻗어 있는 조용하고 환상적인 분위기의 절이다. 가까이 중(僧)장터가 있고, 운주사(雲住寺)와 보림사(寶林寺)가 삼각형을 이루는 지역이다. 할머니상은 주장군(周將軍)으로 높이 1.7미터이고, 할아버지상은 당장군(唐將軍)으로 높이가 2.3미터가 된다. 이 돌장승은 한눈에 할머니·할아버지상임을 느끼게 하는 사실적인 박진감이 있을 뿐만 아니라 마음좋고 때로는 무섭게 화를 내기도 하는 우리네 할머니·할아버지의 전형성을 포착하여 더없이 맑고 정직한 정서를 반영해 주고 있다. 넓고 긴 면석(面石)에 돋을새김을 한 것이 기법적 특징이며, 머리에는 모자를 쓰지 않고 이마가 불거진 형상의 할아버지는 동그란 눈에 양볼이 불거지고, 일자로 꽉다문 입 사이로 다 빠지고 남은 이빨 두 개가 삐져 나오고, 턱밑 긴 수염은 마치 머리댕기를 땋듯이 엮어내려졌는데, 아주 해학적인 멋을 풍겨 준다. 즉 장승의 기본형태를 준수하되 그것을 할아버지라는 완전히 다른 이미지로 바꾸는 데 성공했다고 말할 수 있다. 할머니의 상을 보면 광대뼈가 튀어나오고 이가 다 빠져 오므린 입가에 맑은 표정이 한없이 인자한 인상을 풍긴다.

불회사의 돌장승에서는 실상사 돌장승 같은 권위는 찾아볼 수 없고, 부안 성문안 당산처럼 어색한 괴이감도 없으며, 운봉마을의 돌장승 같은 심술도 없다. 그저 우리가 늘 보아온 친숙한 할머니·할아버지일 따름이다. 이런 할머니·할아버지상은 불회사 가까이 있는 나주 운흥사(雲興寺)의 돌장승에서도 볼 수 있다. 조그만 절집인 운흥사 장승은 1719

全北 南原郡 雲峰面 西川里, 장승

년에 제작된 연기(年紀)가 있고 형태가 불회사와 비슷하여, 이런 유형의 돌장승 연대를 추정하는 데 한 기준이 될 수 있는 것이다. 이 장승은 불회사 돌장승과 기본적으로는 같은 형태이지만, 할머니상은 판석형(板石形) 돌의 원형을 그대로 살려 얼굴을 음각한 것이 큰 특징이고, 큰 눈과 낮은 코, 네 개만 남은 윗니를 드러낸 입, 그 주변을 음각해 내려온 팬 주름살, 콧등과 입가의 잔주름이 심통난 할머니의 모습 그대로이다. 할아버지상은 각진 관모에 양눈볼이 불거지고 서너 개 남은 이빨이 드러나 있다. 역시 할머니·할아버지의 한 전형적 형상이다.

이제까지 우리는 주로 호남지방의 장승을 예로 보아 왔는데, 이는 그만큼 이 지방에 장승문화가 뿌리깊었음을 말해 주는 것이다. 할머니·할아버지상으로 영남지방의 대표적인 예는 창녕군 계성면(桂城面) 관룡사(觀龍寺) 입구에 있는 돌장승을 들 수 있다. 관룡사로 오르는 오솔길에 있는 이 돌장승은 높이 2.3미터의 크기로 입체적 표현 형식이 뛰어난 것으로 유명하다. 이 장승은 눈·코·입이 작고 토실토실 살이 찐 형상으로, 할아버지상은 상투를 튼 것 같은 둥근 머리에 안경을 낀 것처럼 보이는 눈이 이채롭고, 할머니상은 꼭 다문 입가로 삐져나온 송곳니가 소담한 시골 노인을 연상케 한다. 이 돌장승은 같은 시기에 제작된 것으로 보이는 당간지주의 명문으로 미루어 영조 49년(1773) 작으로 추정된다.

4. 미소년상의 장승 — 진도 덕병리

마을 장승 중에는 장승의 이미지를 젊고 건강한 미소년 또는 청년상으로 담아낸 예가 있다. 전남 진도군 군내면 덕병리 돌장승은 아직도 장승제인 거랫재가 전승되는 예로 유명하며, 부락제를 지내며, 목에 소의 턱뼈를 걸어놓는 풍습이 있다. 바다에서 접한 원뚝에서 마을로 들어가는 입구 동서로 세워져 있는데, 높이는 1.4미터(서쪽), 1.9미터(동쪽)이지만, 훤칠한 키의 미소년이라는 인상을 준다. 개구장이 티가 역력히 살아있는 이 장승들은 한쪽은 무덤덤하고 한쪽은 해맑은 웃음을 띠고 있다. 관모를 쓴 얼굴의 모습은 간결하게 표현되었지만, 몸체는 좌우를 두툼하게 높여 어깨와 팔을 앞으로 내민 형상이다.

또 무안읍 남산공원에 있는 장승은 읍성을 지키는 동방대장군(東方大將軍)과 서방대장군(西方大將軍)의 이름을 갖고 있는데, 이 마을의 『향약계첩(鄕約契帖)』에 의하면 영조 17년(1741)에 제작된 것으로 추정된다. 달걀형의 눈과 오똑한 코만 도드라지게 조각하였고 두툼한 입술과 귀의 모습이 영락없는 미소년의 표정이다. 높이 1.8미터의 크기로 간결한 느낌을 주며, 선돌의 훤출한 맛을 잘 살려낸 아담한 장승이다. 그러면서도 그 명칭처럼 동서쪽의 수호신적 형상성을 지녔다. 무안읍성에는 또 다른 돌장승으로 남방·북방대장군상이 있었는데, 지금은 미국대사관저로 옮긴 것으로 알려져 있다. 이 두 장승은 동서 장승과는 달리 거칠고 건장한 수호신적 형상미가 강조된 것이었다.

이런 표정의 장승들은 조선후기에 수없이 제작된 무덤가의 석인상(石人像) 형상과 무관하지 않다고 생각되는데, 장흥 관산면의 장승, 선산군 산동면 도중리의 장승, 통영 삼덕부락의 장승들이 같은 맥을 이루며, 시대가 내려올수록 더욱 간결해지고 규모가 작아진 것으로 추정된다.

5. 상징적 석인상 — 제주도 돌하루방

제주도는 지방색이 어느 지역보다도 강한 만큼 장승에 있어서도 그 특징이 두드러지며 이름도 하루방이라고 부른다. 제주시 삼문(三門) 밖에 있는 하루방이 1717년에 제작된 것으로 보아 역시 18세기에 유행한 것을 알 수 있는데, 대정읍 하루방처럼 아담한 크기의 것과 관덕정 하루방처럼 거대한 수호신상의 두 가지 유형이 있다. 제주도 하루방은 태권도형의 손과 배불뚝이 몸체 그리고 왕방울눈이 특징인데, 대정읍 것처럼 아주 해학적이면서 맑은 인상을 주는 것도 있다.

제주도 특유의 숭숭이돌에 새긴 돌하루방은 어느 지역 장승보다도 그 양식화한 일정한 형태가 특징적으로 나타나며, 그것은 간결한 형태요약을 통한 단순미라고 할 만하다. 이 돌하루방은 제주도 특유의 무덤가 석인상과 함께 그 풍토적 정서를 대변하는데, 돌하루방은 바로 이 석인상을 공동체적 이미지로 바꾸어 그들 나름의 전형적 수호신상을 만들어낸 것으로 볼 수 있다.

그리고 제주도 돌하루방의 형태와 비슷한 육지의 장승으로 무안군 몽탄면의 봉암 마을과 장동마을 사이 밭 가운데 서있는 총지사지(總持寺址) 장승이 있다. 민둥머리에 꼭 다문 입이 이색적인데, 제주도 돌하루방과 인상이 닮은 것이 흥미롭다.

6. 변질된 괴이한 장승─충무 문화동 장승

19세기 민중의 문화는 전국의 민중봉기 때 크게 번성했을 것으로 추정되는데, 19세기말에 이르면 민중항쟁이 외세의 침입으로 좌절되면서 그 문화의 성격도 좌절과 변질을 겪게 된다. 그 대표적인 예를 우리는 충무 문화동의 돌장승에서 볼 수 있다.

토지대장군(土地大將軍)이라는 이름을 갖고 있는 이 돌벅수는 뒤쪽에 광무 10년(光武十年, 1906)이라는 명문이 씌어 있다. 높이 2미터의 크기에 얼굴에는 붉은 채색을 하고, 턱수염과 머리, 귀에는 검은 먹을 칠하여 속칭 화장한 돌장승이다. 일반적인 장승의 형태를 따른 것이면서도 눈언저리와 눈썹의 검은 채색, 눈밑의 기미 낀 모습, 쪽박 모양으로 눈밑까지 찢어 올라간 입, 그리고 팔자(八字)로 길게 뻗은 송곳니와 앞니, 세 갈래로 갈라진 턱수염 등 모두가 불필요하게 과장되고 왜곡되었다. 장승의 수호신적 의미를 강박관념으로 처리한 데서 이와같은 괴이한 형태가 나오게 된 것이라 생각되며, 민중문화의 좌절과 변질을 이 장승에서 보게 된다.

7. 나무장승의 단순미와 자연미
─광주 엄미리 장승, 선운사 장승

돌장승이 호남·영남·제주지방에 산재된 것에 반해, 나무장승은 경기·충청지방에 널리 분포되어 있다. 나무장승은 그 보존 문제로 시대가 오랜 예를 찾기 힘들어 20세기에 들어와 변질된 것들이 대부분이므로, 조선후기 장승의 멋을 갖추고 있는 예가 드물다. 전남 승주군 선암사(仙岩寺) 입구에 있는 나무장승은 18세기 돌장승들과 맞먹는 오랜 것으로 추정되는데, 그 부식이 심하여 원형의 맛은 잃었지만 그래도 얼굴 표정을 살려낸 칼맛이 뛰어나다. 그리고 비교적 오래된 것으로 생각되는 지리산 마천의 벽송사(碧松寺), 하동 쌍계사(雙溪寺) 등이 유명하지만, 사찰의 수호신상으로서 무서운 얼굴을 했다는 과장이 심하여 그 왜곡된 형태의 별스런 느낌만 있을 뿐이다.

나무장승의 제작 수법은 나무라는 재질상의 제약과 특징으로 크게 두 가지 유형이 보이는데, 하나는 거목을 뿌리째 뽑아 거꾸로 세워서 뿌리의 모습을 그대로 산발을 한 머리 모양으로 한 것이다. 고창 선운사(禪雲寺)의 장승(현재 전남대박물관 소장)과 부안 내소사(來蘇寺) 장승(현재 전주시립박물관 소장) 등이 있다. 나무의 자연미를 그대로 살린 다른 예로는 부여 무량사(無量寺) 입구의 흰 나무를 이용한 목장승이 있다. 이들은 모두 그 발상의 기발함과 나무재료의 자연미가 살아나기도 한 것이지만, 위압적이고 괴기스런 인상이 강할 뿐이다.

반면에 대대로 전승되는 나무장승 중에는 나무라는 형태의 상징성을 살려 눈·코·귀·입의 형상을 간결하게 요약하면서 민중적 심성을 훌륭하게 담아낸 예가 있다. 그 중 대표적인 것은 솟대와 함께 세워지는 경기도 광주군 엄미리의 산신제 장승, 공주군 탄천면의 장승, 은산 별신제 장승 등을 꼽을 수 있다.

현대조각가 브랑쿠시의 원조라고 할 만큼 단순한 형태요약이 이 나무장승의 특징인데, 부랑쿠시와 같은 현대조각의 형태란 순수한 형태미를 강조한 것임에 반해, 엄미리 등의 장승에는 영혼과의 대화라는 영적(靈的) 이미지가 살아있어, 우리 가슴에 공명하는 바가 다른 것이다. 말하자면 생명의 힘이 있고 없고의 차이라 할 것이다.

6. 장승의 미학

이상과 같은 다양한 유형의 장승들이 보여준 공통된 미적 이상과 본질은 무엇인가. 매우 중요하면서도 신중한 이 문제는 다각도로 검증되어야 할 사항이지만, 우선 기본적으로 동의할 수 있는 요체만을 말한다면 형식에 있어서 파격미(破格美), 내용에 있어서 생명의 힘이라고 할 수 있을 것이다.

장승의 형태가 보여준 파격은 우리나라 미술사상 어느 분야보다도 대담하고 다양하다. 9세기 이래의 불상이 보여준 그것과 비견할 만한 것인데, 발상의 기발함이나 형태의 다양성에서는 장승의 그것을 따라잡기 힘들 것이다. 9세기 이래의 불상들은 비록 그것이 파격을 지향했다 하더라도 기본적으로 불상이라고 하는 하나의 틀을 넘어선 것이 아니었다. 이것이 훗날 조선시대 민불(民佛)에 이르러서는 장승이나 석인상과 같은 이미지로 변형되면서 그 다양성을 갖추게 된 것으로 해석된다. 그러나 장승은 애초부터 어디에 구속받을 제약이 없었다. 민속 가운데 전승되어 온 수호신상이면 족할 정도였다. 도깨비·사천왕·인왕·금장군·갑장군 아니면 할머니·할아버지나 젊고 건장한 청년상으로까지 변화, 발전시킨 것이 장승의 형식이었다. 더우기 이것은 통일된 이데올로기의 통제 속에서 생성된 것이 아니라 지역적인 특성 속에서 전개됨으로써 그 다양성은 미적 무질서를 느낄 정도로 혼란된 양상이었다. 따라서 우리는 장승의 다양성이 과연 미적 가치로서 설명될 수 있을 것인가, 아니면 미숙한 상태에 머물고만 조잡성으로 볼 것인가라는 미적 가치 판단을 강요받게 된다. 종래의 미술사가들은 후자의 입장에 묵시적으로 동의하여 장승을 아름다움의 범주에서 제외시켰고, 오늘날 우리의 입장은 그 미적 가치를 판단할 규범을 틀에 박힌 고정관념에서 벗어나 보려는 차이를 갖고 있는 것이다.

본래 세련미라는 것은 예술의 중요한 덕성이다. 그러나 그 세련성은 곧 새로운 예술적 발상을 통제하는 근거도 된다. 모든 예술사에 있어서 지배층이 제시한 세련미가 계급성, 즉 귀족적 세련미로 정착될 때 피지배층은 거기에 도전하는 새로운 형식을 낳게 되고 그 나름의 미학을 정립해 가게 마련인 것이다. 장승이 보여준 이와같은 도전성은 회화에서 민화(民畵), 문학에서 한글소설, 민요, 판소리, 국악(國樂)에서 정악(正樂)에 대하여 속악(俗樂)이 갖는 위치와 비중으로 충분히 설명될 수 있을 것이다.

그러면 그 파격적이고 다양한 장승의 형태가 지닌 내용상의 특징은 어떻게 설명될 수 있을 것인가.

濟州道의 石人像

이 점은 장승이 만들어지는 과정에서 볼 때 신앙과 예술의 결합이라는 성격 때문에 불상과 마찬가지로 감상과 장식을 목표로 하는 여타의 예술형태와 그 본질을 달리한다. 그리고 장승이 불상 같은 신앙예술과 또다른 점은 그것을 제작하고 사용하는 자의 삶, 즉 생산노동 활동과도 분리되지 않았다는 사실에 주목해야 한다. 나아가서 장승제가 이루어지는 대상으로 된 점에서는 모뉴멘탈한 성격도 지니고 있는 것이다. 따라서 장승은 신앙과 삶과 노동과 예술이 미분화된 상태에서 만들어진 것이기 때문에 그 모든 요소가 유기적으로 만날 수 있는 가치, 생명의 힘과 영혼의 신비성을 지니고 있는 점이다. 이점은 다른 민족의 이른바 원시미술에 공통적으로 나타나는 특징이기도 하다. 뉴욕의 현대미술관에서는 1984년에 「현대미술에 있어서 원시미술(Primitivism in Modern Art)」이라는 대규모 기획전이 열린 바 있다. 이 전시회는 원시미술에 영향을 받은 20세기 거장들 작품——피카소·브랑쿠시·파울 클레·헨리 무어·아르프 등의 작품과 바로 그들이 모델로 삼았던 원시미술품을 나란히 비교 전시한 것이었다. 그 결과 관람자들은 원시미술이 현대미술에 끼친 영향을 명백히 볼 수 있었을 뿐만 아니라 현대미술이 잃어버린 것이 무엇인가를 동시에 볼 수도 있었다. 형태의 세련미에 있어서는 단연코 20세기 거장들의 작품이 앞선다. 그러나 관람자의 가슴속에 다가오는 예술적 감동은 오히려 무명의, 미숙한 원시미술품 속에서 더 큰 것을 느끼게 했는데, 이것은 무엇을 의미하는가. 그것은 곧 어떤 정신적인 것(the Spiritual) 또는 영적(靈的)인 것의 울림과 생명의 힘이 20세기 거장들의 작품에는 약했다는 사실이다. 우리는 여기서 장승이 보여주는 중요한 미학의 하나가 곧 이러한 생명의 힘임을 주장하게 된다. 그리고 이것이 명작(名作)들의 공동묘지라는 박물관에 안치되는 것이 아니라 삶과 노동과 자연의 숨결을 느낄 수 있는 현장, 바로 그 자리에 있을 때 제 빛을 발한다는 사실을 아울러 확인할 수 있다.

7. 맺는글 – 장승문화의 계승방향

장승을 조선후기의 활발한 민중문화 속에서 살펴보면, 그것은 생산에 직접 참여하는 민중의 공동체적 생활 속에서 삶의 정서를 상징적으로 표현해낸 위대한 예술의 하나였음을 확인하게 된다. 그들이 추구한 미적 이상은 어쩌면 원시적 건강성이라 할 단순하고 소박한 것이었다. 그러나 그 단순 소박함 속에서 서로의 마음을 나누고 공동적 이상에로 다가가는 살아있는 미술이었음을 잊어서는 안 될 것이다.

개화바람 이후, 장승은 미신과 구습의 하나로 멸시되고, 근대화 바람 속에서는 일종의 관광상품으로 변질되어 장승은 사모관대를 한 신랑·신부상이 되고 화려한 옷까지 입게 됐다. 그러니까 이것이 20세기에 전승·변이된 장승의 실상이었는지도 모른다. 그러나 이것은 민중의 책임은 아니다. 장승문화를 거추장스럽게 보아 왔던 지배층들의 제도권적 시각에서 장승은 이처럼 노리개감으로 전락해 버렸던 것이다.

80년대 우리시대의 민중·민족문화 의식이 고취되면서 장승문화의 본질적 가치가 새롭게 조명되고 받아들여지고 있다. 그 결과 올림픽 문화행사 중에는 올림픽촌에 경기도 광주군 엄미리의 나무장승이, 인사동 입구에는 불회사의 돌장승이 그대로 모방되어 세워졌다. 제도권에서 장승을 보는 안목도 이처럼 높아져 조선후기 나무장승과 돌장승의 백미라 할 것이 서울거리에 재생된 것이다. 반가운 일이다. 그러나 장승문화의 힘——생명과 생산과 공동체의 힘——이 그런 복원, 재생으로 살려지는 것은 아니다. 오히려 전남대학교 교정에 세워져 있는 '민족통일대장군'에서 우리는 장승문화의 생명과 힘과 아름다움을 보게 된다. 다만 장승의 모습을 18세기적인 것이 아니라 20세기의 것으로 변형시켜 재창조할 수 있을 때 우리는 장승문화를 이어받았다고 할 수 있겠는데, 과연 그때가 언제일지는 기약하기 힘들다. 왜냐하면 그것은 미술의 문제가 아니라, 조선후기 사회가 보여주었듯이, 민중의식·민중문화의 활기를 얻을 때가 아니면 불가능한 것이기 때문이다. 어쩌면 우리는 그때를 위해 마치 장승문화 전도사처럼 떠들고 다녀야 하는지도 모르겠다.

장승 관계 文獻目錄

作成－李鍾哲

姜茂賢『韓國青銅器 意匠의 研究』弘益大學院, 1982.

강성복「장승의 한 연구」『學會誌』韓南大學校 歷史敎育科, 1983.

金基卓「尙州地方의 部落祭 研究」『文化人類學』7, 韓國文化人類學會, 1975.

金光億「現代英佛人類學의 歷史認識」『韓國文化人類學』16집, 韓國文化人類學會, 1984.

金斗河「路標장승考察」『韓國民俗學』12, 民俗學會, 1980.

―― 「痘瘡장승考」『韓國民俗學』14, 民俗學會, 1981.

―― 「장승類의 名稱考察」『韓國民俗學』19, 民俗學會, 1986.

金秉模「韓國巨石文化 源流에 관한 研究」『韓國考古學報』韓國考古學研究 會, 1981.

―― 「濟州島 돌하루방과 인도네시아 石像」『月刊文化財』118號, 月刊文化財社, 1982.

―― 「韓國石像 小考」『韓國學論集』2, 漢陽大學校, 1982.

―― 「韓國神話의 考古學的 研究」『류승국 박사 회갑기념 논총』, 1983.

金三龍『韓國彌勒信仰의 研究』同和出版公社, 1983.

金善豊「民俗學的 측면에서 본 韓國思想의 源流」『民族文化의 源流』韓國精神文化研究院, 1980.

김수남 · 황루시『장승제』평민사, 1986.

金榮敦「濟州 大静, 旌義, 州縣城 石像」『文化人類學』5, 韓國文化人類學會, 1972.

―― 「濟州島의 石像石具」『無形文化財 調査報告書』50, 文化財管理局, 1968.

金榮振『韓國自然信仰 研究』清州大出版部, 1985.

金暘玉「韓半島 青銅器文樣의 研究」『韓國考古學報』10 · 11合集, 韓國考古學研究會, 1981.

金元龍「멘힐雜記」『考古美術』, 고고미술동인회, 1960.

―― 「鳥形안테나式 細形銅劍의 問題」『白山學報』8號, 白山學會, 1970.

―― 『青銅器時代와 그 文化』三星文化文庫 21, 1976.

―― 『韓國美術全集』원시미술, 同和出版公社, 1973.

―― 『韓國文化의 起源』探究新書 201, 探究堂, 1976.

―― 「韓國先史時代의 神像에 대하여」『歷史學報』제 94 · 95합집, 1982.

金貞培「蘇塗의 政治史的 意味」『歷史學報』第79輯, 歷史學會, 1978.

金泰坤『韓國神堂研究』『國語國文學』第26卷, 1965.

―― 「서낭당 信仰研究」『漢波 李相玉 博士 回甲記念論叢』教文社, 1970.

―― 『韓國巫俗 研究』集文堂, 1982.

―― 『韓國巫俗 圖錄』集文堂, 1982.

―― 「장승祭의 實相」『東方學志』39집,연세대 동방학연구소, 1982.

金宅圭『同族部落의 生活構造 研究』青丘大學 出版部, 1964.

金宅圭 · 李殷昌「民俗學的 考察」『雁鴨池』文化財管理局, 1967.

金宅圭「韓國人의 農神信仰에 대하여」『東洋文化』10輯, 嶺南大 東洋文化研究所, 1969.

―― 「韓國部落慣習史」『韓國文化史大系』Ⅳ, 高大民俗文化研究所, 1970.

―― 『韓國民俗文藝論』一潮閣, 1980.

―― 『韓國農耕歲時의 研究』嶺南大出版部, 1985.

金哲埈「韓國古代國家發達史」『韓國文化史大系』1, 高大民族文化研究所, 1964.

―― 「東明王篇에 보이는 神母의 性格」『韓國古代社會研究』知識産業社, 1975.

金炯珠「扶安邑 城門안 堂山考」『鄕土文化研究』원광대향토문화연구소, 1978.

―― 「扶安地方의 石竿堂山」『比較民俗學』第2輯, 比較民俗學會, 1986.

都宥浩「조선거석문화연구」『문화유산』59-2호, 1959.

문기선「돌하루방의 미술해부학적 연구」『제주대학 논문집』13, 1981.

文明大『韓國彫刻史』悅話堂, 1980.

朴桂弘「忠南地方의 現行 部落祭와 民俗信仰」『忠南大論文集』10, 1971.

―― 『韓國民俗研究』螢雪出版社, 1973.

―― 「比較民俗學』螢雪出版社, 1973.

―― 『韓國의 村祭』東京, 國書刊行會, 1982.

朴順浩「全北地方의 장승에 대하여」『韓國民俗學』16집, 민속학회, 1983.

―― 「全北의 솟대考」『韓國民俗學』18집, 민속학회, 1985.

朴鍾烈「韓國農民의 社會的 性格」『人類學論集』제2집, 서울대 인류학연구회, 1976.

朴忠烈「韓國장승의 形狀에 관한 研究」東亞大 教育大學院, 1983.

朴昊遠「솟대신앙에 관한 研究」한국정신문화연구원 대학원, 1986.

方善柱「韓國巨石制의 諸問題」『史學研究』20, 1963.

孫晋泰「長栍考」『民俗學論攷』民學社, 1975.

── 『韓國民族文化의 研究』太學社, 1981.

── 『民學叢書』民學社, 1975.

宋錫夏『韓國民俗考』日新社, 1960.

辛鍾遠「神補長生의 起源과 觀念에 대한 試論」『史學研究』 31, 韓國史學會, 1980.

申在孝『韓國 판소리 全集』, 姜漢永 校註, 瑞文堂, 1973.

呂重哲「韓國近代社會의 民俗變化」『韓國史學』3, 한국정신 문화연구원, 1980.

龍 雲 「寺刹長生에 대한 小考」『정신문화』1983.

── 「장승(長栍)」『山』, 1982. 9월호.

李光奎「메가릿트 문제」『文化財』4, 文化財管理局, 1969.

── 『文化人類學』一潮閣, 1971.

李基白「新羅五岳의 成立과 그 意義」『新羅政治社會社研究』 一潮閣, 1974.

── 「三國時代 佛教受容과 그 社會的 意義」『新羅時代의 國家佛教와 儒教』韓國佛教研究院, 1978.

李基白 ・李基東「原始共同體社會와 그 文化」『韓國史 講座』 Ⅰ, 一潮閣, 1982.

李杜鉉「高敞邑 五巨里 堂山」『韓國文化人類學』제1집, 1968.

李杜鉉 외「部落祭堂」『민속자료 조사보고서』30호, 文化財 管理局, 1969.

── 「장생」『空間』, 1970.

── 「장승」『韓國假面劇』文化財管理局, 1969.

── 『韓國民俗學論考』學研社, 1984.

李相日『韓國의 장승』悅話堂, 1976.

李素羅「치티섬의 別神祭」『文化財』17號, 文化財管理局, 1984.

이융조,『한국선사문화의 연구』평민사, 1984.

李宗碩「장승의 外形的 類型」『考古美術』129・130 합집, 韓 國美術史學會, 1976.

李鍾哲「서도 部落祭의 考察」『文化人類學』4집, 文化人類學 會, 1971.

── 「安溪마을 民俗誌」『石宙善 教授 回甲記念論叢』, 1971.

── 『장승의 起源과 變遷試考』『梨花史學研究』13・14합 집, 樹黙 秦弘燮 博士 停年記念論叢, 1983.

── 『韓國性信仰 現地調査』國立光州博物館, 1984.

── 「진도 덕병리 장성의 거랫제 연구」『宜民 李杜鉉 博士 回甲記念論叢』학연사, 1984.

── 「高興 長水마을 民俗調査」(민간신앙), 國立光州博物 館, 1984.

── 「장승과 솟대에 대한 考古民俗學的 접근 試考」『尹武 炳 博士 回甲記念論叢』通川文化社, 1984.

── 「長山島・荷衣島의 信仰民俗」『島嶼文化』제3집, 목

포대학 도서문화연구소, 1985.

── 『벅수信仰 現地調査』國立光州博物館, 1985.

── 「장승의 現地類型에 관한 試考」『韓國文化人類學』17 (耕雲 張籌根 博士 華甲記念號), 韓國文化人類學會, 1985.

── 「靈岩地方의 民俗資料」『靈岩郡의 文化遺蹟』木浦大 博物館・全羅南道・靈岩郡, 1986.

── 「務安地方의 民俗資料」『務安郡의 文化遺蹟』木浦大 博物館・全羅南道・務安郡, 1986.

── 「産俗의 信仰構造와 社會的 象徵」『月山 任東權 博士 頌壽記念論文集』民俗學篇, 集文堂, 1986.

── 「海南地方의 民俗資料」『海南郡의 文化遺蹟』木浦大 博物館・全羅南道・海南郡, 1986.

── 「安佐島地域의 民俗誌」『島嶼文化』제4집, 木浦大學 島嶼文化研究所, 1986.

── 「珍島地方의 民俗資料」『珍島郡의 文化遺蹟』木浦六 博物館・全羅南道・珍島郡, 1987.

── 「智島地域의 信仰民俗」『島嶼文化』제5집, 木浦大學 島嶼文化研究所, 1987.

── 「장승祭의 信仰體系」『三佛 金元龍 教授 停年退任記 念論叢』Ⅱ, 一志社, 1987.

이필영「마을공동체와 솟대신앙」『孫寶基 博士 停年記念 考 古人類學論叢』知識産業社, 1988.

李海濬「岩泰島의 文化遺蹟과 遺物」『島嶼文化』2집, 1984.

李喜秀「土着化過程에서 본 韓國佛教」佛教普及社, 1971.

任東權『韓國民俗學論考』宣明文化社, 1968.

── 『羅州 佛會寺・雲興寺, 南原 實相寺, 昌寧 觀龍寺 石 長栍』(民俗調査報告書), 文化財管理局, 1968.

임석재「한국무속연구서설 1」『아세아여성연구』9호, 숙명여 대 아세아여성문제연구소, 1970.

── 「한국무속연구서설 2」『아세아여성연구』10호, 숙명 여대 아세아여성문제연구소, 1971.

張秉吉『宗教學概論』博英社, 1975.

장윤식「신앙체계로서의 무속」『文化人類學』16집, 한국문화 인류학회, 1985.

張籌根「장승과 솟대」『韓國의 鄕土信仰』乙酉文庫 20, 乙酉 文化社, 1975.

── 「韓國神堂形態考」『民族文化研究 1』 高大民族文化研 究所, 1964.

── 『忠武市 文化洞 벅수(長栍)』7號 (民俗調査報告書) 文化財管理局, 1968.

── 『道岬寺 石長栍』15號(民俗調査報告書), 文化財管理 局, 1968.

── 『韓國民俗學論攷』계몽사, 1986.

全京秀「진도 하사미의 의례생활」『인류학논집』3집, 서울대 학 인류학연구회, 1977.

鄭丙浩『農樂』열화당, 1986.

趙英子「벅수論」『弘益美術』3호, 1974.

171

趙芝薫「서낭竿攷」『新羅伽倻文化』第一輯, 영남대 신라가야
　　　　문화연구소, 1966.

秦弘燮「百濟·新羅의 冠帽·冠飾에 관한 二三의 問題」『史
　　　　學誌』 7輯, 1973.

──「瓦當에 새겨진 도깨비」『한국의 도깨비』국립민속박
　　　　물관 편, 열화당, 1980.

──「統一新羅時代 特殊樣式의 石塔」『考古美術』158·159,
　　　　韓國美術史學會, 1983.

조홍윤『한국의 巫』正音社, 1985.

池春相『同福댐 水没地區 文化遺蹟 調査報告書』全南大學校
　　　　博物館, 1980.

車基善『民間信仰의 형태와 특성』서울대학교 석사논문, 1972.

崔光植「巫俗信仰이 韓國佛教에 끼친 영향」『白山學報』26,
　　　　白山學會, 1981.

崔吉城「韓國部落祭의 구조와 특징」『新羅·伽倻文化』5, 1973.

──「扶安 서문안 堂山」「南原 西川里 堂山」『民俗資料
　　　　調査報告書』19호, 文化財管理局, 1969.

崔南善「不咸文化論」『朝鮮과 朝鮮民族』, 1927.

崔德遠『多島海의 堂祭』學文社, 1984.

崔來沃『韓國口碑傳說의 研究』一潮閣, 1981.

崔夢龍『都市의 起源』白鹿出版社, 1977.

崔　協「同族部落과 非同族部落의 한 비교」『湖南文化研究』
　　　　13, 전남대 호남문화연구소, 1983.

崔協 外「羅州地方의 社會民俗調査」『나주군 문화유적조사』
　　　　전남대 호남문화연구소, 1985.

秋葉隆『韓國巫俗의 現地研究』名著出版, 東京, 1980.

河孝吉「뱃고사의 서낭기에 대하여」『韓國民俗學』民俗學會,
　　　　1978.

──「새(鳥)·龍王船考」『韓國民俗學』13, 民俗學會, 1979.

한규량「한국 선돌의 기능 변천에 대한 연구」『白山學報』28
　　　　號, 白山學會, 1984.

韓相福「山村住民의 意識과 信仰」『韓國民俗研究論文選』一
　　　　潮閣, 1982.

韓炳三「農耕文 青銅器에 대하여」『韓國史論文選集』先史篇,
　　　　一潮閣, 1976.

許回淑『蘇塗에 관한 研究』慶熙大學校 碩士學位論文, 1969.

玄容駿「濟州石像」『濟州島』8집, 1963.

──「韓國神話와 祭儀」『月山 任東權 博士 頌壽記念論文
　　　　集』(民俗學篇), 集文堂, 1986.

洪潤植「佛教民俗」『民俗綜合調査報告書』全北篇, 文化財管
　　　　理局, 1971.

──「韓國 寺院傳來의 佛畫 내용과 그 성격」『文化財』10
　　　　號, 文化財管理局, 1976.

黃龍渾「韓國 先史時代 性穴考」『地域開發論文集』慶熙大學
　　　　校, 1974.

──『東北아시아의 암각화』평민사, 1987.

장승 分布圖

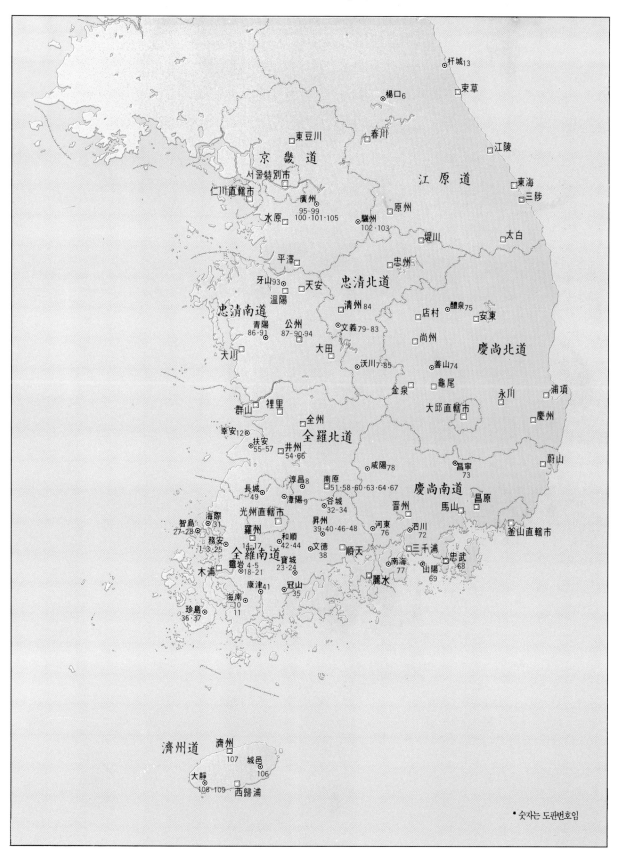

杆城13
束草
楊口6
春川
東豆川
江陵
京畿道
서울特別市
江原道
東海
仁川直轄市
三陟
廣州
95·99
100·101·105
水原
驪州
102·103
原州
堤川
太白
平澤
忠州
牙山93
天安
忠淸北道
溫陽
淸州84
醴泉75
店村
安東
忠淸南道
公州
靑陽
86·91
87·90·94
文義79·83
尙州
慶尙北道
大川
大田
沃川7·85
善山74
金泉
龜尾
永川
浦項
群山
裡里
大邱直轄市
慶州
全州
全羅北道
蔚山
幸安12
扶安
井州
55·57
54·66
咸陽78
昌寧
淳昌8
南原
73
慶尙南道
長城
潭陽9
51·58·60·63·64·67
晋州
昌原
49
谷城
32·34
馬山
光州直轄市
昇州
39·40·46·48
海際
羅州
和順
河東
泗川
釜山直轄市
智島
27·28
42·44
76
72
務安
1·3·25
寶城
文德
忠武
全羅南道
靈岩
4·5
23·24
38
順天
三千浦
68
木浦
18·21
南海
山陽
康津41
冠山
77
69
海南
35
麗水
珍島
0
36·37
11

濟州道
濟州
107
城邑
106
大靜
108·109
西歸浦

• 숫자는 도판번호임

地域別 장승 目錄

소재지	명칭·크기·재료·연대·새긴글씨	기능 및 洞祭 기타
全羅南道		
原:光州市 東區 大仁洞, 現:全南大博物館	장승, 1雙, 石, 媧柱成仙 補護東脉	媧는 史記의 三皇紀의 女媧를 의미함.
光州市 鶴雲洞 城村	벅수, 1雙(2基), 높이 1,5cm, 둘레 1m, 石, 100여년전	액막이, 서낭당(별신굿)
光山郡 大村面 七石里	목장승	
潭陽郡 月山面 月山里	장승	神굿(음력 정월 보름)
潭陽郡 金城面 原栗里	당산	도판 9
潭陽郡 潭陽面 川邊里	돌장승	
長興郡 冠山邑 仿村里	벅수, 1雙(2基), 높이 2.5m, 둘레 85cm, 石, 鎭西大將軍 陰刻 麗元(연합군시)	별신제, 도판 35
長興郡 有治面 鳳德里	장성, 石	寶物 150호, 寶林寺 普照師章聖塔碑,
海南郡 松旨面 今江里(치소)	솟대, 1雙(2基), 높이 4m, 둘레 40cm, 木(소나무), 상단에 오리 한 쌍을 새김, 1962년	액막이, 산신당, 도판 11
海南郡 黃山面 松湖里	솟대·장승, 東方赤帝將軍·西方白帝將軍	장승제(음력 이월 초하루), 도판 10
海南郡 黃山面	석장승(미륵님)	
海南郡 玉泉面 永春里 호산	벅수·장승(짐대)	
海南郡 三山面 九林里	목장승, 2雙(4基), 높이 2.5m, 둘레 64cm, 木(밤나무), 舊東·西 :禁鬼大將·受昭大將, 新東·西:天下大將軍·地下大將軍	
務安郡 夢灘面 大峙里 총지	장승, 1雙(2基), 높이 1.4m / 1.7m	도판 1-3
務安郡 夢灘面 達山里	장승, 1雙(2基), 높이 1.7m / 1.6m, 石	도판 25, 26
務安郡 海際面 山吉里	장승, 1雙(2基), 石	
務安郡 海際面 廣山里	장성, 미륵당산, 1基, 石	도판 30, 31
務安邑 城南里	장승, 1雙(2基), 石	액막이
新安郡 黑山面 苔島里	장승당과 장선, 4雙(8基), 높이 2m, 둘레 60cm, 東靑·西白·南 赤·北黑·將軍, 200년전	梧里堂(음력 정월 초사흘)
新安郡 黑山面 천촌리	목장승	
新安郡 智島邑 灘洞里 사옥도	입석, 높이 40cm, 둘레 30cm, 石	上堂·下堂祭
新安郡 智島邑 堂村里 後村	장승, 1雙(2基), 높이 2m, 둘레 90cm, 石, 50여년전	마을 수해방지, 堂山, 도판 27-29
新安郡 飛禽面 월포리	돌대장군·장승, 1基, 높이 2.7m, 둘레 60cm, 石, 1955년	앞산의 기를 꺾고, 흉물을 쫓음
新安郡 都草面 古蘭里	돌장승, 1基, 높이 3m, 둘레 1.9m, 石, 1938년	
新安郡 都草面 外南里	장성, 1基, 石	
新安郡 長山面 道昌里	미륵님, 1基, 石	
求禮郡 山洞面 桂川里 계척	돌탑, 1雙(2基), 높이 3.5m, 둘레 7.5m, 돌탑, 250년전	잡신 내침·액살·보허진압, 별신굿(음력 정월 초사흘날)
求禮郡 馬山面	장승, 1基, 木	
求禮郡 山洞面 佐沙里	장승, 1雙(2基), 木	풍어·풍농, 堂山祭(음력 정월 초하루)
光陽郡 世раль面 海倉里	벅수, 1雙(2基), 높이 2m, 둘레 80cm, 木(밤나무), 1944년경	액막이, 海倉·당산제
麗水市 鳳山洞	벅수·장승, 1雙(2基), 높이 1.5m, 둘레 76cm, 石(화강), 南正重·火正黎, 1970년대	마을의 안녕, 당산제
麗水市 君子洞	석인상, 1基, 石	
麗川郡 華井面 蓋島里 여석	벅수, 1雙(2基), 높이 1.7m / 2m, 둘레 1.4m / 1.3m, 石, 南正重·火正黎, 밤나무 200년전, 石은 60년전	액막이·질병을 막음, 天祭堂·벅수(漁村)

위치	내용	비고
麗川郡 華陽面 梨木里 신기	상당, 1雙(2基), 높이 1.5 m, 둘레 2 m, 흙, 1760년대	액막이, 음력 정월에 당산제 후 별신굿(10년전 폐지)
麗川郡 華陽面 梨木里 구미	당산, 1雙(2基), 높이 1.5 m, 둘레 3 m, 흙무더기, 200년전	액막이, 음력 정월이나 유월 보름날 당산제 후 별신굿(10년전 폐지)
麗川郡 華陽面 安浦里 원포	벅수, 1雙(2基), 높이 1.5 m, 둘레 50cm, 시멘트, 1957년경, 100년 전은 밤나무	잡귀 방지, 방산당(벅수는 홍수는 떠내려감)
麗川郡 三日邑 興國里	장승	
麗川郡 雙鳳面 熊川里	3雙(6基), 石	
麗川郡 雙鳳面 柿田里	2雙(4基), 石, 南正重・火正黎	
昇州郡 昇州邑 竹鶴里 괴목	벅수, 1雙(2基), 높이 2.8 m, 둘레 1.25 m, 木(밤나무), 護法神・放生定界, 1860년대	눈부분을 조금 떼어 먹으면 낙태가 된다고 함, 도판 39, 40
昇州郡 住岩面 倉村里 창촌	짐대, 높이 9 m, 둘레 1 m, 木彫, 10년전	인명구제, 倉村堂
昇州郡 松光面 大興里	벅수, 1雙(2基), 둘레 1.8 m / 2 m, 둘레 80cm / 1 m, 木(밤나무), 300년전, 上元大將軍・下元大將軍・天下大將軍	액막이・수문장, 산신당(당산할아버지・당산할머니), 도판 46
昇州郡 松光面 梨邑里	목장승, 1雙(2基)	도판 47, 48
高興郡 蓬萊面 蘇榮里	당산, 1雙(2基), 높이 2.3 m, 木(소나무)	마을 재해 방지, 中堂(음력 유월 초사흘)
高興郡 道化面 新虎里	석주입석, 높이 7 m, 둘레 2 m, 石	
寶城郡 會泉邑 票浦里 율포	장승, 2雙(2基), 石, 東方逐鬼大將, 매년 새해에 제작	洞祭堂(東堂・西堂)
寶城郡 得粮面 海坪里 해창	장승・벅시・상단, 1雙(2基), 높이 2 m, 둘레 60cm, 300년전, 上元周將軍・下元唐將軍	액막이・조세운반・바다에서의 무사, 국세당제(정월보름), 도판 23, 24
寶城郡 得粮面 海龍里	석장승, 1雙(2基)	
寶城郡 文德面 龍岩里	목장승, 1基	도판 38
和順郡 和順邑 碧羅里	미럭정, 石	
和順郡 同福面 佳水里	木, 東方大將軍・西方大將軍	도판 42, 43
和順郡 寒泉面 丁友里 사우동	석탑, 1雙(2基), 높이 5 m, 둘레 7 m, 石塔	잡귀 방지・마을 풍년, 塔祭
和順郡 道岩面 龍江里	1基, 石	
和順郡 二西面 月山里 경상	장승	
和順郡 道谷面 泉岩里	장승(살맥이), 1雙(2基), 石(화강암)	수호신,
和順郡 綾州面 貫永里	벅수, 1雙(2基), 높이 1.5 m, 木(밤나무)	액막이・풍농・수문장
和順郡 春陽面 河東里	목장승, 1基, 木	도판 44-45
靈岩郡 靈岩邑 春陽里	立石, 1基, 높이 1.89 m, 둘레 46cm, 石(화강암)	
靈岩郡 郡西面 道岬里	석장승, 1雙(3基), 높이 1.78 m / 1.85 m, 둘레 36cm / 36cm, 石(화강암), 글자혼적 있음	잡귀 방지・사찰 수호, 도판 18-20
靈岩郡 郡西面 西鳩林里	1基, □長生 陰刻	도판 4
靈岩郡 郡西面 鳩林里	장승, 1雙(2基), 높이 左:3.98 m 右:3.1 m, 둘레 70cm, 石(화강암), 國長生・皇長生 陰刻	도판 5
靈岩郡 金井面 南松里	장승, 1雙(2基), 石, 周將軍・唐將軍	도판 21-22
靈光郡 畝良面 雲堂里 영당	장승, 1雙(2基), 木(밤나무), 천자봉목	이정표
靈光郡 靈光邑 道東里	석장승	이정표
谷城郡 梧山面 票川里	1雙(2基)	도판 32, 33
谷城郡 梧山面 柯谷里	1基	도판 34
谷城郡 石谷面	장승, 1雙(2基), 石	佛形, 神補 장승
谷城郡 立鳳面 樓鳳里	장승, 1雙(2基), 石	
谷城郡 玉果面 玉果里	1雙(2基), 木	
羅州郡	짐대, 石	
羅州郡 茶道面 馬山里	석장승, 1雙(2基), 높이 男:2.53 m 女:1.67 m, 둘레 1.66 m, 石(화강암), 600년전, 男:下元周將軍 女:周將軍	사찰 수호신・잡귀 방지, 도판 14, 15
羅州郡 茶道面 岩亭里 죽정 (雲興寺 入口)	석장승, 1雙(2基), 높이 2.7 m / 2 m, 둘레 2 m / 2.05 m, 石(화강암), 1719년경, 男:上元唐將軍女:下元唐將軍	도판 16, 17
羅州郡 南平面 東舍里	立石	
羅州郡 山浦面 山齊里	立石	
康津郡 七良面 興鶴里	벅수	도판 41
康津郡 兵營面 下古里 성지	벅수, 1雙(2基), 높이 1.6 m, 둘레 1.57 m, 石(화강암), 82년전, 男子像・武文官	兵營 守護神
康津郡 城田面 月下里	1基, 石	
珍島郡 郡內面 德柄里	장성, 1雙(2基), 石(화강암), 男:大將軍 女:鎭桑燈	수호신, 거랫제(정월 대보름), 장승목에 소턱뼈를 달았음, 도판 36, 37

珍島郡 古郡面 五山里	立石(설바위)	
長城郡 長城邑 流湯里	立石, 1雙(2基), 石(화강암)	堂山祭(天龍祭, 정월 대보름)
長城郡 北下面 藥水里	장승, 1雙(2基), 木	
長城郡 黃龍面 臥牛里	장승, 1雙(2基), 木	도판 49, 50

全羅北道

南原郡 南原邑 東忠里	석조각	
南原郡 南原邑 王亭	장승, 1基, 높이 3m, 石, 고려 文宗	
南原郡 山內面 立石里	장신·석장승, 1雙(2基), 높이 2.7m / 2.4m, 둘레 1.7m, 石, 1725년, 男:上元周將軍·女:大將軍	寺刹守護, 도판, 51-53
南原郡 雲峰面 西川里	벅수·장성·당산, 1雙(2基), 높이 2.1m, 둘레 1.4m, 石(화강암), 300년전, 防御大將軍·鎭西大將軍	액막이·풍농·거리·호구·마을수호 堂山祭(음력 정월 초하루), 도판 63
南原郡 雲峰面 北川里	1雙(2基), 石, 東方逐鬼將軍·西方逐鬼將軍	마을 수호, 도판 60, 61
南原郡 雲峰面 權布里		도판 58, 59
南原郡 東面 덕실	장성	도판 62
南原郡 阿英里 蟻池里 개암주	장성	도판 64, 65
南原郡 朱川邑 湖景里 내촌	솟대·장승, 1雙(2基), 높이 1.5m, 둘레 2.5m, 木(소나무), 세습입목, 天下大將軍·地下女將軍	솟대(음력 이월 초하루), 농악놀이 세습적 업목
南原郡 朱川里 長安里 외평	솟대, 1雙(2基), 木(감나무)	액막이 堂山(음력 정월 초이틀)
南原郡 朱川里 高基里	목장승, 木	
南原郡 朱川里 虎基里	1雙(2基), 높이 3m, 둘레 20cm, 石	도판 67
高敞郡 高敞邑 邑內里	당산할아버지 할머니당, 5基, 높이 3.67m, 石(화강암), 1803년, 鎭西華表	마을 수호, 無病災, 得男, 걸궁 堂山祭
高敞郡 高敞邑 邑內里	목장승, 木, 天下大將軍	
高敞郡 雅山面	1基, 木	
高敞郡 心元面 蓮花里 각시매	입석, 높이 2.5m, 둘레 2m, 石	액막이·마을 수호, 堂山祭(음력 팔월 보름 후)
扶安郡 扶安邑 西外里 서문안	당산할아버지당, 2雙(4基), 높이 2.2m 둘레 1.4m, 石(화강암), 1689년, 上元周將軍·下元唐將軍	마을 수호, 堂山祭(정월 초하루)
扶安郡 扶安邑 東中里 동문안	당산, 2雙(3基), 높이 1.8m, 둘레 60cm, 石(화강암), 1689년, 上元周將軍·下元唐將軍	마을 안녕, 堂山祭, 도판 56, 57
扶安郡 扶安邑 內蓼里	돌모산 당산	도판 55
扶安郡 山內面 石浦里	장승, 1基, 木	寺刹守護
扶安郡 幸安面 大伐里	짐대당산	도판 12
淳昌郡 淳昌邑 忠信里	석장승, 1雙(2基), 높이 1.8m, 둘레 1.7m, 石(화강암)	풍수상 補虛, 액막이, 洞祭 후 장승제(正初)
淳昌郡 淳昌邑 南溪里	석장승, 1基, 높이 1.75m, 둘레 2m, 石(화강암)	마을 안녕·무병
淳昌郡 仁溪面 芝山里 불운정	장승, 2雙(4基), 높이 10m, 木(은행나무), 50년전, 조각된 방울이 2面에 새겨짐	芝山祠
淳昌郡 龜林面 月亭里	선돌	도판 8
沃溝郡 開井面 鉢山里	1基, 石	
沃溝郡 米面 仙遊島里	1雙(2基), 木(소나무), 東方青帝逐鬼大將軍 西方白帝逐鬼大將軍	
井邑郡 七寶面 白岩里	당산장성, 1雙(2基), 石	堂山祭, 도판 66
井邑郡 山外面 沐浴里	짐대	도판 54
裡里市	1基, 石	
任實郡 舘村面 舘村里 오원교	장승, 1雙(2基), 높이 2.73m, 木(밤나무), 80년전, 天下大將軍	액막이(살맥이)
茂朱郡 茂豊面 德地里 北首	장승	山祭堂(山神) 섣달 그믐
益山郡 金馬面 箕陽里	석장승, 1基, 石	탑징이제(정월 대보름)
益山郡 金馬面 東古都里	미륵불, 1雙(2基), 石	

慶尙南道

釜山直轄市 西區 多大洞	장승·벅수, 1雙(2基), 높이 3m, 둘레 60cm, 木(밤나무), 天下大將軍·地下 女將軍	잡귀신 물리침, 주산제항당(음력 정월 초하루), 山神堂
釜山直轄市 東萊區 杜邱洞 거래탑	木	累石上部木鳥竿
釜山直轄市 東萊區 水營	솟대, 木, 80여년전	山神祭
釜山直轄市 東萊區 龜浦	갯대·거릿대, 木	잡귀신 침입방지, 마을 안녕, 別神굿
咸陽郡 馬川面 楸城里(碧松寺)	護法大神 1雙(2基), 木	도판 78
咸陽郡 栢田面 (靈隱寺)	석장승, 1雙(2基), 石	
河東郡 花開面 雲樹里(雙磎寺)	목장승, 1雙(2基), 木, 伽藍善神·外護善神	寺城守護, 도판 76
昌寧郡 昌寧邑 玉泉里(觀龍寺)	돌장승·벅수, 1雙(2基), 높이 東:2.24m 西:2.35m, 둘레 64cm, 52cm, 石	관용사 경내 석표 구실, 도판 73
昌原市 熊川 熊南洞	석장승, 1基, 石	
忠武市 坪林洞	목장승, 1雙(2基), 木	
忠武市 文化洞	벅수, 1基, 높이 2m, 둘레 1m, 石, 光武 10년(1906년), 土地大將軍	祈子, 마을 수호, 도판 68
密陽郡 武安面 武安里	天下大將軍, 2雙(4基), 높이 1.2m, 둘레 1.5m, 石標, 27년전, 地下大將軍·天下大將軍	액막이, 수문장, 장신고사(정월대보름)
密陽郡 府北面 大項里 아랫 마을	장승, 1雙(2基) 木(떨버들·양버들)	守護神, 洞祭(음력 정월 대보름)
密陽郡 三浪津邑 三浪里	장승(양장군·솟대), 朴氏장군·孫氏장군 화상	화평, 主神堂(음력 정월 열나흘)
密陽郡 丹陽面 九川里(表忠寺)	석장승, 1雙(2基), 石	
山淸郡 丹城面 江樓里	화짐대(솟대), 木	
山淸郡 矢南面 外公里	석조각	
南海郡 南面 구미	벅수, 1雙(2基), 높이 1m, 둘레 50cm, 木(밤나무) 天下大將軍·地下女將軍	마을 수호, 堂山—신목
南海郡 南面 德月里	벅시, 1雙(2基), 높이 1.2m, 石(밤나무 없어짐), 1966년도에 세움, 天下大將軍·地下女將軍	마을 수호
南海郡 南面 虹峴里	석장승, 1雙(2基), 石	
南海郡 昌善面 鎭洞里 長浦	벅수, 1雙(2基), 높이 2.4m, 木(밤나무), 1817년(150년전)	마을 수호, 堂上(음력 시월 보름)
南海郡 彌助面 초전리		도판 77
馬山市 合浦	벅수, 2雙(4基), 높이 2.5m, 木(밤나무)	마을 수호, 別神堂
晉陽郡 大坪面 新豊里 上村	장승, 1雙(2基), 높이 2m	마을 수호, 堂山木, 장승은 현존치 않으나 장승터에서 제를 지냄
泗川郡 紐洞面 駕山里	석장승, 4雙(8基), 높이 1.2m 폭 50cm 木(귀목), 조선시대	조선시대 菖倉守護, 지방민속문화재 3호, 도판 70-72
義昌郡 鎭東面 古縣里 남부동	높이 1.5m, 폭 2m, 시멘트, 400년전	조난방지, 마을 안녕, 別神將軍上堂 (음력 섣달 그믐)
統營郡 蛇梁面 良池里 能良	堂山, 1雙(2基), 높이 2.18m, 石, 1618년(350년전)	마을 수호신(神堂), 堂山
統營郡 山陽面 三德里 院項	석장승·벅수, 1雙(2基), 높이 남:85cm 여:90cm, 둘레 98cm 石, 65년전, 이목구비 조각	將軍(山祭堂), 得男 목적으로 林奉鶴氏가 제작, 도판 69
統營郡 山陽面 永運里	석장승, 1雙(2基), 石	
巨濟郡 一運面 望峙里 불당	벅시·벅수, 1雙(2基), 높이 1.5m, 둘레 65cm, 木(소나무) 약 350년전, 天下大將軍·地下女將軍	마을 안녕, 上堂(4년마다 1月 1日~15日內 교체)
巨濟郡 一運面 知世浦里(長承浦)	별신대, 木	마을 수호, 별신굿
巨濟郡 新縣邑 三巨里 음지	벅수거리, 1雙(2基), 높이 1.5m, 木(소나무), 임란 이후, 天下大將軍·地下女將軍	액막이, 풍년, 마을 수호, 堂山, 돌탑
蔚州郡 彦陽面 東部里	목장승, 1雙(2基), 木, 天下大將軍·地下女將軍	
蔚州郡 彦陽面 東部里	석장승, 1基, 石	
蔚州郡 三南面 象川里	國長生石標, 1基, 높이 1.72m 두께 30cm	通度寺 境界碑
固城郡 大可面 尺亭里 同志	1雙(2基), 높이 4m, 둘레 3.5m, 木(소나무), 1957년	東谷書堂(음력 삼월 열흘)
咸安郡 郡北面 下林里 愚溪	장승, 1雙(2基), 높이 1.5m, 둘레 1m, 石, 1800년대	마을 안녕 (음력 정월 보름)
咸安郡 漆原面 南龜里	장승, 높이 10m, 둘레 6m, 木	
咸安郡 漆原面 龍山里	장승, 높이 10m, 둘레 1m, 木(槐木)	
咸安郡 咸安面 덕암	동신제, 1基, 높이 2m, 木, 맹자님, 2雙(4基)	洞神祭(음력 정월 열나흘) 맹자님(각 가정에서 필요에 따라 수시로 지냄)
居昌郡 北上面 葛溪里	장승, 1雙(2基), 높이 2.5m, 둘레 80cm, 木(밤나무)	마을 수호, 山祭堂(음력 정월 대보름)
梁山郡 下北面 白鹿里	國長生石標, 1基, 石標, 1085년, 國長生	寺域守護

慶尚北道

義城郡 龜川面 小湖里 靑新	입석, 높이 1.5m, 石	마을 수호, 洞岩堂(음력 정월 보름)
盈德郡 丑山面 景汀洞	장승, 높이 10m, 둘레 5.45m, 木(느티나무)	풍년·풍어 기원, 神明閣
醴泉郡 下里面 殷山洞 양전	솟대, 1雙(2基), 높이 2.2m, 둘레 75cm, 木(느티나무), 1860년	洞神堂(음력 정월 보름)
醴泉郡 龍門面 內地洞(龍門寺)	장승, 木, 上元周將軍	도판 75
金陵郡 牙浦面 松川洞 崇山	석조상(장군풍), 1雙(2基), 높이 2m, 둘레 2m, 石(화강)	마을 수호(음력 정월 열나흘)
善山郡 山東面 道中里	장성(서낭당), 1雙(2基), 높이 1.8m, 石(돌비석), 400여년전	마을 수호, 洞祭(음력 정월 보름), 도판 74
善山郡 海平面 海平洞	1基, 石	
善山郡 長川面	童子石, 1基, 石	
達城郡 瑜伽面 陽洞	적석, 1基, 石	

忠淸北道

淸州市 龍亭洞	미륵	도판 84
報恩郡 報恩邑 竹田里	장승, 1雙(2基), 높이 2m, 둘레 60cm, 木(소나무,原木 조각목), 약 100년전 (1867년)	마을 수호, 洞告祀堂
丹陽郡 大崗面 金谷里 金谷	벅수, 4雙(8基), 높이 20m, 둘레 1m, 木(밤나무), 木彫像	祈雨, 上堂(神, 命山, 命神)
丹陽郡 大崗面 金谷里	1雙(2基), 높이 西 1.54m 東 0.9m, 둘레 西 1.51m 東 1.2m	마을 수호(음력 정월 보름)
淸原郡 南一面 月午里 書院	장승·장성, 1雙(2基), 木(소나무), 약 100년전(1860년), 天下大將軍·地下女將軍(부락민이 붓으로 씀, 累石壇 10坪)	마을 수호, 山神堂
淸原郡 米院面 岐岩里 둔텃골	장성·장승, 天下大將軍·地下大將軍	마을 안녕·액막이
淸原郡 南二面 文東里 남수원	장승(서낭당), 1雙(2基), 높이 1.44m / 1.16m, 둘레 11cm / 16cm, 木(소나무) 1964년, 天下大將軍·地下女將軍	지병, 마귀를 몰아내고 소원기도(음력 정월 보름)
淸原郡 文義面 文德里 염리	장승(탑·수사리), 장승 5基 탑 2基 높이 10m, 둘레 3m, 槐木·石塔 7~800년전, 天下大將軍·地下大將軍	마을 수호, 장승제(음력 정월 열나흘), 도판 79-81
淸原郡 文義面 文德里 앞실	장승, 10여基 탑 3基, 높이 10여m, 둘레 2~3m, 古木(버드나무, 아카시아 느티나무) 700여년전, 天下大將軍·地下大將軍	마을 수호(음력 정월 열나흘), 도판 82-83
淸原郡 文義面 後谷里 뒷골	장승, 6基·탑, 2基, 높이 5m, 둘레 5m, 木(소나무)·石塔 고목, 800년전, 天下大將軍·地下女將軍	수호신(음력 정월 보름)
槐山郡 長延面 校洞里	장승, 1基, 높이 1.4m, 둘레 12cm, 木(소나무)	수구동신, 마을 수호, 山祭堂(洞岩祠)
沃川郡 郡西面 銀杏里 上銀 윗양심	장승 1雙(2基), 높이 1m, 石, 20년전	마을 수호, 山祭堂(음력 정월 보름)
沃川郡 郡北面 恒谷里 항골	장승, 1雙(2基), 높이 2m, 둘레 50cm, 약 40년전 天下大將軍·地下大將軍	山神堂(음력 정월 보름)
沃川郡 安內面 龍村里 龍水	장승·장성, 1基, 높이 2m, 둘레 1.3m, 古木(밤나무), 25년전, 天下大將軍	수문장, 마을 수호, 액막이, 풍농, 山祭堂 후 장승제(음력 정월 열나흘)
沃川郡 安內面 龍湖里 안말	守門大將軍, 1基, 높이 10m, 둘레 56cm, 神木(소나무)	마을 평안, 신격:山神, 山祭堂(음력 정월 열나흘)
沃川郡 靑城面 九音里	장승, 2雙(4基), 높이 2.5m, 둘레 60cm, 木(밤나무) 50년전	마을 수호(음력 정월 초사흘)
沃川郡 靑城面 和城里 石城	장성 장승, 1雙(2基), 높이 2m, 둘레 90cm, 木(밤나무), 天：250년전, 地：20년전, 天下大將軍·地下大將軍	마을 수호, 액막이, 풍농(음력 정월 초사흘)
沃川郡 安南面 池水里	탑, 서낭당	도판 85
沃川郡 東二面 靑馬里	탑	도판 7

忠淸南道

天原郡 木川面 新溪里	장성·장승	
天原郡 廣德面 廣德里	장승, 2雙(4基), 높이 1.7m, 石	장승제는 200년전에 없어짐
錦山郡 福壽面 龍津里 목소	장승	
公州郡 灘川面 松鶴里 소라실	장승·솟대, 木, 2雙(5基), 木, 東方天元逐鬼大將軍	上堂 거리제(음력 정월 대보름), 마을 안녕·질병 예방, 장승제(남녀 장승을 혼인시킴) 도판 87-90
公州郡 維鳩面 塔谷里 장승	1雙(2基), 木柱, 東方靑帝·西方白帝將軍	山祭堂
公州郡 維鳩面 文錦里 문암	장승, 1雙(2基), 높이 2m, 둘레 2.5m, 石	도판 94(서낭당)

公州郡 反浦面 上莘里	장승·솟대, 각 1雙, 木, 天下大將軍·地下女將軍	수호신·액막이, 거릿제(음력 정월 열나흘)
公州郡 反浦面 下莘里	장승·솟대, 각 1基, 石·木, 地下女將軍	원래는 목장승이었음
扶餘郡 思山面 思山里 안고삿	장승·장성, 높이 3m, 木(소나무), 東方靑帝遂鬼大將軍·南赤大將軍	액막이·수문장, 思山別神堂(장승제 음력 정월 초사흘)
扶餘郡 思山面 琴公里 금강이	장승, 1雙(2基), 높이 2m, 둘레 15~20cm, 木(소나무), 약 100년전	
扶餘郡 外山面 萬壽里 무량사	2群, 木	
扶餘郡 思山面 文山里	목장승, 木	마을 수호, 장승제(음력 정월 보름부터 스무날 사이)
扶餘郡 草墳골	木	장승제(격년제)
靑陽郡 大峙面 上甲里 안골	장승·장성, 1雙(2基), 높이 2m, 둘레 60cm, 木(소나무), 五方神將逐夫人大將軍	귀신·호구·맹수·액막이, 장승제(음력 정월 보름)
靑陽郡 大峙面 大峙里 한티	목장승, 3雙(6基), 높이 2m, 둘레 50cm, 木, 天地·地神·天下統一·太平盛世	마을 액막이, 장승제(음력 정월 보름), 도판 86
靑陽郡 大峙面 長谷里	1雙(2基), 木	
靑陽郡 定山面 大朴里 봉곡	장승, 1雙(2基), 높이 1.3m, 둘레 1m, 石(立石)	액귀 방지, 山祭堂·장승제
靑陽郡 定山面 天莊里		山神祭·장승제(음력 섣달 스무닷새날)
靑陽郡 定山面 龍雲里		장승제(음력 정월 열나흘)
靑陽郡 定山面 海南里		장승제
靑陽郡 定山面 松鶴里 송학 마을	장승	장승제, 도판 91, 92
靑陽郡 赤谷面 美堂		장승제(음력 정월 열나흘)
洪城郡 龜項面 支井里 부엉골	장성·장승, 1雙(2基), 높이 2m, 둘레 60cm, 木(소나무), 北方黑帝逐鬼大將軍·南方赤帝逐鬼夫人	액막이, 장승제
禮山郡 光時面 大里 중말	1雙(2基), 높이 1.8m, 木(소나무), 天上天下逐鬼大將軍	액막이·풍농, 장승제
瑞山郡 浮石面 倉里 해변	장승(서낭), 1雙(2基), 높이 1.5m, 둘레 35cm, 木(소나무), 東大將軍之神	잡귀 방지, 靈神堂
唐津郡 松岳面 中興里 中洞	장성·장승, 4雙(8基), 높이 1.8m, 둘레 50cm, 木(밤나무), 東方天下大將軍·東方天下女將軍, 300여년전	마을 액막이, 장승제(노승제, 정월 그믐)
牙山郡 排芳面 中里	1基, 石	
大德郡 山內面 大成里	입석, 石	액막이·마을 안녕, 거릿제(정월 초사흘)
大德郡 鎭岑面 城北里	累石壇, 石	마을 안녕, 거릿제(음력 정월 열나흘)
大德郡 東面 飛龍里	장승, 1基, 石, 天下大將軍·地下女將軍	수호신, 거릿제(음력 정월 열나흘)
大德郡 東面 新上里	장승, 1基, 石	대청냄 완공으로 新上橋 밑의 것을 옮김
大田市 中區 內洞	장승, 1雙, 石, 天下大將軍·地下女將軍	마을 안녕·풍농, 거릿제(음력 정월 열나흘)
大田市 東區 法洞	장승, 1基, 石, 天下大將軍·地下女將軍	산신세·거릿제(정월 열나흘에 산신제 후 거릿제 지냄)
洪城郡 葛山面 山村里	남방적제장군	마을 안녕·호환방지, 산신제·거릿제(음력 정월 열나흘 저녁~보름 새벽)
洪城郡 龜項面 內峴里	장승, 오방장군	마을 안녕·풍년기원, 五方祭(음력 정월초)
錦山郡 瑞山面 浮巖里	1基, 높이 1.43m, 둘레 93cm, 폭 30cm, 木, 조선중기	
錦山郡 郡北面 杜斗里	장승, 1雙, 男:높이 1.6m, 둘레 90cm, 女:높이 1.1m, 둘레 70cm, 木, 天下大將軍·地下女將軍	
牙山郡 松岳面 鍾谷里	장승, 木	도판 93
天安	장승	

京畿道

金浦郡 高村面 新谷里 영사정	장승, 1雙(2基), 높이 2m, 둘레 0.7~1.5m, 안면화	잡귀를 쫓는 도당할매, 土堂(시월 초하루)
廣州郡 中部面 下樊川里	數基, 天下大將軍·地下女將軍, 300여년전	도판 95, 96
廣州郡 金砂里	장승	
廣州郡 退村面 觀音里	장승(장승백), 1雙(2基), 높이 2m, 둘레 20cm, 木(소나무), 300여년전	마을 수호, 산제당
廣州郡 退村面 牛山里	장승·짐대, 장승 3基, 天下大將軍	도판 104
廣州郡 中部面 菴尾里 새마을	數基, 木	도판 97-99

179

廣州郡 草月面 龍水里 무두리	장승, 2雙(2基), 높이 2m /6m, 둘레 2m /50cm, 木(신목·참나무·오리나무)	액막이·마을 수호, 국시(수)당·장승제 (산신제)
廣州郡 草月面 武甲里	짐대	도판 105
廣州郡 草月面 西霞里 안골	장승, 1雙(2基), 木	도판 100, 101
始興郡 蘇來面	칼찬 목장승	
始興郡 草芝里 之堂	장승, 1雙(2基), 天下逐鬼大將軍·地下逐鬼將軍, 400여년전	마을 안녕(신격 : 도당할아버지·도당할머니), 용당제(음력 정월 초아흐레·시월 초아흐레)
抱川郡 蘇屹面	대장군	
江華郡 江華邑 陽五里	1基, 石	
楊平郡 江下面 聖德里 聖村	장승, 1雙(2基), 높이 1.2cm, 둘레 50cm, 木(소나무), 天下大將軍·地下女將軍	
楊平郡 青雲里 余勿里 여울	1雙(2基)	서낭제(음력 시월 보름)
楊平郡 龍門面 德村里 서원말	1雙(2基), 木(소나무, 현재 없음), 天下大將軍·地下女將軍	전설·祝文·狗天神·마을 수호, 狗天祭 (음력 정월 초사흘)
華城郡 飛鳳面 柳浦里 버들무지	木(밤나무), 높이 1.8m, 둘레 25cm, 天下大將軍·東方青帝逐鬼大將軍 西方白帝逐鬼大將軍, 15년전	마을 수호·마마호귀 방지(음력 정월 보름), 三神堂에서 장승제(별신굿)
驪州郡 驪州邑 丹峴里 부리우	1雙(2基), 높이 1.5m /1.2m, 둘레 60cm /40cm, 木(오리나무, 소나무), 天下大將軍·地下大將軍, 약 200년전	잡귀 방지(익사·호귀)
驪州郡 康川面 赤今里	1雙(2基), 높이 2m, 둘레 70cm, 木(밤나무), 天下大將軍·地下女將軍	마을 수호(음력 정월 열나흘)
驪州郡 大神面 松村里	장승	도판 102-103
龍仁郡 器興面 古梅里 구매	2雙(4基), 높이 2.3m, 둘레 75cm, 木(소나무), 天下大將軍·地下女將軍	마을 주민 화합, 산신당제(음력 시월중)
龍仁郡 外西面 長坪里 평율	2雙(4基), 높이 1.7m, 둘레 60cm, 木(오리나무), 먹글씨, 80년전	장승제(음력 정월 열나흘), 당제(시월 초하루), 산신당

江原道

洪川郡 東面 魯川里 추동	장승, 1雙(2基), 天下大將軍	성황당제(음력 정월 보름)
洪川郡 北方面 田峙谷 밭치	장승(솟대), 現 4基 1雙(2基), 木(소나무) 天下大將軍·地下女將軍	이정표, 마을 수호
寧越郡 南面 蒼院里 명전	기둥 4基, 높이 2m, 木(소나무), 1940년경	마을 수호 院德布堂祭(음력 정월 초사흘)
麟蹄郡 麟蹄邑 죽천	장성, 1雙(2基), 木, 天下大將軍·地下大將軍, 약 200년	마을 수호, 祭堂·산제·성황당·장승제 (음력 정월·팔월 연2회)
楊口郡 楊口面 大谷里 마당골	장승, 높이 1.4m, 둘레 57cm, 石(화강암), 石조상	마귀 미연 방지(음력 정월 보름·시월 초하루 연2회)
楊口郡 楊口邑 高垈里	지석묘	도판 6
溟州郡 邱井面 余贊里	장승 畵像, 天下大將軍	성황당(음력 정월 초하루)
溟州郡 江東面 深谷里	짐대·오릿대, 2基, 높이 3.5m, 둘레 6~10m, 木	마을 수호(풍농·풍어), 풍어제(별신굿)
溟州郡 玉溪面 樂豊里	짐대, 1基, 木	마을 수호
江陵市 江門洞	짐대백이성황님, 1基, 높이 3m, 木	마을 수호(정월·팔월)
原城郡 板富面 金垈里 日論	진두배기, 1基, 木	마을 수호
高城郡 杆成邑 新安里(乾鳳寺)	짐대	도판 13

濟州道

濟州市 建入洞 미륵밭	東彌勒, 1基, 높이 2.86m, 둘레 4.22m, 현무암	壽命長壽
濟州市 龍潭洞 한두기	西彌勒, 1基, 높이 2.73m, 둘레 3.15m, 현무암	祈子義札
濟州市 州縣城	우석목(東門址), 2基, 현무암	현재 제주 민속박물관
	돌하루방(東門址), 2基, 현무암	현재 도청 입구
	돌하루방(東門址), 4基, 현무암	경계표시 및 禁標, 2基는 현대 제주대학, 2基는 국립 민속박물관(경복궁)
	翁仲石(南門앞), 4基, 높이 1.7~1.75m /2.35~2.25m, 둘레 9.35~9.05m /1.45~1.23m, 현무암	수호신, 현재 三姓穴入口, 도판 107

180

濟州市 州縣城	望柱石(南門앞), 2基, 높이 1.82 m, 둘레 1.96 m	2基는 제주여고 앞
	1基(南門路), 현무암, 1512년	현재 南門址 앞(不明)
	4基, 현무암, 1754년	현재 2基는 觀德亭 앞, 2基는 不明
	4基(北水門앞), 현무암	현재 2基는 제주대학, 2基는 不明
南濟州郡 表善面 城邑里	무성(석)목, 4基, 높이 1.77~1.21 m, 둘레 2.2~1.5 m, 1423년, 현무암	정주목, 낭(주목낭, 정주먹), 原:西門址
	벅수머리, 4基, 높이 1.41 m, 둘레 1.7 m, 현무암	정낭 끼워놓는 기둥(소나 말, 외인출입방지), 原:南門址
南濟州郡 大静邑 保城里	수문장, 4基, 현무암	초자연적 상징, 原:東門址, 도판 106
	무석(성)목, 3基, 높이 1.62~1.05 m, 둘레 2.03~1.45 m, 현무암	原:東門址, 도판 108, 109
	무석(성)목, 4基, 높이 1.36 m, 둘레 1.71 m, 현무암, 1418년	액막이, 수문장, 마을 평안, 原:西門址 주변
	돌하루방, 4基, 현무암	골맥이, 수문신, 原:南門址
	무석(성)목, 1基, 현무암	수문장, 액막이, 原:東門址

- 이 목록은 1967년부터 1988년 현재까지의 자료로, 일부 미확인된 것도 포함되어 있다.
- 자료제공-李鐘哲

韓國基層文化의 探究—❷

장승

사진―黃憲萬

글―李鐘哲·朴泰洵·兪弘濬·李泰浩

초판발행 ――――― 1988년 10월 20일
3쇄발행 ――――― 2005년 6월 1일
발행인 ――――― 李起雄
발행처 ――――― 悅話堂
　　　　　　　　경기도 파주시 교하읍 문발리 520-10 파주출판도시
　　　　　　　　전화 (031)955-7000, 팩시밀리 (031)955-7010
　　　　　　　　http://www.youlhwadang.co.kr
　　　　　　　　e-mail: yhdp@youlhwadang.co.kr
등록번호 ――――― 제10-74호
등록일자 ――――― 1971년 7월 2일
편집 ――――― 김금희·김수옥
북디자인 ――――― 차명숙·기영내
인쇄 ――――― (주)로얄프로세스
제책 ――――― 상지 피앤비

* 값은 뒤표지에 있습니다.

ISBN 89-301-0705-2